KB262533

엄마의 공부가
사교육을 이긴다

엄마의 공부가 사교육을 이긴다

김민숙 지음

엄마가 포기하지 않으면, 아이도 포기하지 않는다

남은 인생의 모든 그림을 다 안다면, 더 이상 웃을 일도 슬퍼할 일도 없을 것이다. 갑작스런 절망 속에서 인생이 바닥까지 내려갔을 때, 내 소원은 단 하나였다. 마음 깊은 곳에서 우러나온 행복감으로 속 시원히 큰소리로 웃어보는 것.

어둡고 숨 막히는 인생의 터널에서 방황하면서도 먼저 세상을 경험한 사람들의 말을 믿었다. 언젠가 좋은 날이 올 거라고. 그 생각만으로 십여 년을 버텼다. 그리고 마침내 떠오른 희망의 빛. 그 빛은 내 인생의 가장 소중한 보물, 나의 아이들이 가져다주었다.

이 이야기는 나와 아이들이 어려움을 딛고 일어나 기적을 일구어낸 이야기다. 수많은 어머니들이 물었다. 아이를 어떻게 키웠느냐고. 공부를 어떻게 시키느냐고. 매번 같은 질문을 받으면 나는 몇 시간이고 시간 가는 줄도 모르고 열과 성을 다하여 대답하곤 했다. 나 또한 그 질문의 답이 절실히 필요했던 시절이 있었고 그 간절함을 알고 있기 때문이다. 그래서 알고 있는 모든 것과 경험한 모든 것을 아낌없이 전해주고 싶다.

많은 어머니들이 나의 경험에 귀를 기울이고 함께 마음을 나누며 공감했다. 그 모습에서 나는 큰 용기를 얻었고, 더 많은 분들과 나누고 싶다는 사명감을 품기 시작했다. 기회는 가까운 곳에서 시작됐다. 지인들에게 들려주었던 그간의 경험과 마음들을 모아 '사교육에 의존하지 않고 자녀 교육하기' 수기 공모전에 도전한 것을 시작으로, 내 인생은 새로운 풍경들로 가득 차기 시작했다. 이 책은 공모전 당선작에 살을 붙이고 그동안의 교육 칼럼들을 정리해 다시 쓴 것이다.

이 책의 주인공인 나와 아이들은 결코 특별한 사람들이 아니다. 나는 자녀교육 전문가도 아니며, 글을 쓰는 작가도 아니다. 그저 두 아이를 키우는 평범한 엄마이며 주부다. 우리 아이들 역시 천재나 영재가 아니다. 오히려 느리고 산만하고 때론 바보라고 놀림을 받는 아이였다. 그래서 이 책은 자녀교육에 관한 전문 지식으로 무장한 교과서가 될 수는 없을 것이다. 그러나 평범한 우리 아이들의 이야기 속에는 '희망'이라는 씨앗이 있다. 힘들게 아이를 키우고, 어려움에 맞닥뜨린 많은 이들에게 희망이라는 작은 씨앗을 마음에서 마음으로 전하고 싶다.

설령 내 아이가 남들만큼 뛰어난 머리를 갖지 못했어도, 공부를 잘하지 못한다 해도, 엄마가 포기하지 않으면 아이도 포기하지 않는다는 이 작은 진리를 나누고 싶다. 동시대를 살아가는 엄마의 입장에서 서로의 모습을 마주하지 않더라도 엄마라는 그 마음 하나로 소통하고 공감하고 싶다.

재웅이와 처음으로 함께 공부를 시작하려고 마음 먹었을 때, 내게 가장 간절했던 것은 멘토였다. 인생의 멘토, 자녀교육의 멘토가 곁에 있었다면 얼마나 좋을까……. 그렇다면 이 여정이 조금은 쉬울 수도 있지 않을까 하는 생각을 했다. 그렇게 의지할 곳 없이 홀로 이 험난한 과정을 거쳐오고 나니, 많은 어머니들에게 멘토가 되어 시행착오를 덜어드리고 싶었다. 단 한 명의 엄마라도, 이 책을 통해 위로받고 희망을 얻는다면 나의 이 마음은 분명 의미 있는 희망의 씨앗이 되리라 믿는다.

자녀를 키우는 과정에는 인생의 희로애락이 고스란히 반영된다. 중요한 것은 희로애락 속에서 항상 흔들리지 않는 목표를 갖고 아이들을 이끌어주고 끝까지 함께 하는 것이리라. 엄마와 함께라면 아이는 언제든지, 얼마든지 변화할 수 있다. 내 아이에게 가장 좋은 선생님은 바로 엄마라는 것을 잊지 않았으면 한다.

이 책이 나오기까지 감사해야 할 분들이 너무나 많다. 평범한 엄마의 진심과 가치를 알아봐주시고 이 작은 이야기를 널리 알리고자 노력해주신 분들께 마음을 담아 감사의 인사를 전한다. 평생교육진흥원 전국학부모지원센터, 동아일보 정재원 기자님, 한겨레 김청연 기자님, KBS「교육을 말합시다」의 이정연 PD님, 유지영 아나운서, 박유정 작가님, 경인방송「공부의 신」, EBS「공부의 왕도」, SBS「생방송투데이」등 이 보잘것없는 이야기를 담아주셔서 정말 감사드린다.

그리고 무엇보다도 이 엄마를 가장 믿어주고 응원해준 나의 아이들, 이 책의 주인공인 재웅이와 지나에게 전하고 싶다.

"엄마와 함께 해주어서, 잘 이겨내주어서, 그리고 잘 자라주어서 너무나 고맙고 사랑한다. 너희들로 인해 행복 가득한 마음으로 크게 웃어본다. 항상 고맙고 사랑해."

끝으로 이 이야기가 세상 밖으로 나올 수 있도록 애써주시고 함께 해주신 위즈덤하우스 관계자 분들과 독자 여러분께 감사의 마음을 전한다.

여는 글   엄마가 포기하지 않으면 아이도 포기하지 않는다   4

1. 초등 4학년을 놓친 재웅이는 어떻게 전교 1등이 되었을까

한글을 못 읽는 아이, 재웅이의 심각한 현실을 마주하다   15

힘들수록 긍정의 말을 곱씹었던 날들   18
그림으로 가득 찬 위기의 알림장   22
혼자 고양이 굴을 뒤지던 아이   24
엄마는 항상 내 편! 긍정의 달인이 된 재웅이   28
청결상 재웅이, 성적은 뒤에서 세 번째   31
공부 못한다고 집에 놀러 오지 말래요   36

엄마가 공부해야 아이도 공부한다   39

사교육이 당연한 세상, 그 놀라운 현실을 실감하다   42
아이의 상태를 객관적으로 파악하기 시작하다   44
공부 고민에 빠져 맨홀에 빠져버렸다!   48
제발 책상 앞에 앉아 있기만 해다오   50
난생 처음 공부 욕심을 갖게 되다   55
엄마, 컨닝이 뭐예요?   57
돈이 있어야 공부를 잘할 수 있는 것은 아니다   61
나를 쫓아냈던 할머니가 이제 집에 놀러 오래!   64
수백만 원짜리 과외로도 보장받지 못할 '성취감'   66

1등보다 중요한 건 아이의 자존감   70

엄마! 제발 공부하게 해주세요!   72

중학교에 가서야 시작한 영어, 늦은 것이 아니다   75

선생님과 면담할 때 부정적인 하소연은 금물!   78

엄마표 학습에서 자기주도 학습으로   81

학원의 레벨테스트 결과에 위축되지 말 것   84

전교 1등이라는 강력한 목표   89

공부만 아는 1등보다 사회성 있는 2등   93

특목고 입시에서 얻은 깨달음   95

긍정의 힘이 만들어낸 기적   99

자기 자신과의 싸움, 실패해도 실력은 남는다   105

첫 시험을 망쳐도 조급해하지 말자   108

비결은 학교 수업, 시험문제는 선생님이 낸다   111

공부보다 중요한 열정과 보람   114

자녀교육은 연습이 없다   117

수기 공모전 입상으로 희망을 전파하다   121

공부 대신 잠재적 재능을 살리다! -큰딸 지나의 이야기   124

하마터면 발견하지 못했을 지나의 재능   127

실업계 고등학교에 갈래요   131

고등학교 3년이 너무 행복하고 즐거웠어!   133

장학금을 받으며 대학에 입성하다   135

2. 엄마와 재웅이의 행복한 공부법

#01 내 아이를 가장 쉽게 파악할 수 있는 방법   147
: 직접 가르치면 아이의 상태가 한눈에 보인다

#02 애들 공부는 너무 쉬워서 지루하다?   152
: 기본을 확실하게 다져야 아이가 엄마를 믿는다

#03 공부는 습관이다   156
: 공부계획표는 엄마와 함께 세우고 함께 관리하라

#04 내 아이는 다 잘할 것 같은데 왜 이러지?   160
: 백 번 참고, 한 번 화내면 모든 노력이 수포로 돌아간다

#05 목표는 실력보다 약간 높게   164
: 100% 달성하려면 120% 목표를 세워라

#06 받아쓰기 20점에서 국어 100점으로   167
: 국어책을 10번 이상 읽는 4단계 공부법

#07 수학과의 첫 만남, 어떻게 해야 할까?   172
: 일상에 숨어 있는 수학을 찾아라!

#08 기초 공사가 부실하면 수학은 무너진다   176
: 문제 풀이보다 중요한 것은 원리 이해

#09 사회, 외워야 할 것이 너무 많다!   180
: TV 옆에 지도와 연표 붙이고 사극을 시청하라

#10 아이의 호기심이 곧 과학이다   184
: 실험으로 얻은 지식은 사라지지 않는다

#11 아이를 키우는 건 팔 할이 도서관   187
: 책 읽기는 모든 교육의 시작이다

#12 포기하고 싶은 고비의 순간들   191
: 부모는 아이의 손을 끝까지 잡아야 한다

#13 엄마의 말이 잔소리가 되지 않으려면?   195
: 긍정의 말이 기적을 낳는다

#14 스스로 공부할 수 있는 힘!   198
: 공부하고자 하는 강력한 동기를 만들어주어라

#15 성적에 반영되지 않는다고 대충 하지 말 것   201
: 배치고사 결과는 남은 학교 생활을 좌우한다

#16 특목고에 도전해보자   205
: 실패하더라도 준비 과정 자체가 새로운 공부다

#17 어느 날 갑자기 찾아온 불청객, 사춘기와의 전쟁   208
: 변화를 유연하게 받아들일 것

#18 더 이상 엄마 말이 먹히지 않는다   217
: 롤모델이 될 만한 멘토를 적극적으로 찾아나서라

#19 아이를 키우는 것은 콩나물 키우기와 같다   222
: 관심과 사랑은 지나치지도 모자라지도 않게

#20 무조건 믿어라   226
: 나는 네가 앞으로 행복한 삶을 살 것을 알고 있다

#21 칭찬은 아이를 춤추게 한다   230
: 칭찬으로 아이의 꿈에 날개를 달아주자

#22 절대 비교하거나 차별하지 말 것   234
: 상처는 부메랑처럼 부모에게 돌아온다

1

초등 4학년을 놓친 재웅이는
어떻게 전교 1등이 되었을까

한글을 못 읽는 아이,
재웅이의 심각한 현실을 마주하다

"엄마, 나 책 좀 읽어줘. 애들이 나보고 바보래."

초등학교에 갓 입학한 아들이 책을 들고 와서 장롱에 기대 쓰러질 듯 앉아 있는 나를 바라보고 있었다.

"재웅아, 엄마가 지금은 너무 피곤하니까 내일 읽어주면 안 될까?"

재웅이는 나의 지친 표정을 살피더니 힘없이 어깨를 늘어뜨린 채 돌아섰다.

"엄마, 내일은 꼭 읽어줘야 해?"

"그래. 내일은 꼭 읽어줄게."

그 내일이 몇 번이나 지나가는 동안 재웅이는 자주 책을 들고 와서 보챘지만 나는 또 내일을 약속할 뿐이었다.

생각할 겨를도, 준비도 되어 있지 않은데 갑작스럽게 사업이 무너지기 시작했다. 급작스런 파탄이었다. 모두에게 지독했던 IMF라는 태풍이 우리 가정에도 들이닥쳐 모든 것을 앗아간 것이다. 그야말로 하루아침에 잔혹한 세상의 나락으로 떨어져버렸다. 우리 가정에 '빚'이라는 무섭고 무거운 글자가 새겨졌다. 비참한 굴욕과 고통이 나를 집어삼키기 위해 기다리고 있었다. 빚은 나를 망가뜨렸고 세상의 비웃음과 손가락질에도 어찌할 수 없는 무력한 사람으로 바꾸어놓았다.

아이들은 어렸다. 첫째 딸인 지나가 초등학교 5학년 무렵이었고, 서른여덟 살에 낳은 늦둥이 아들 재웅이는 이제 겨우 유치원에 다니는 나이였다. 당시로는 혼기가 아주 늦은 서른에 결혼해서 아프고 약한 몸으로 힘들게 낳은 첫 아이였기에 동네에서 소문이 날 정도로 애지중지 공주님으로 키운 딸. 그리고 아이를 더 이상 낳지 못할 것이라며 포기했다가 뒤늦게 얻은 아들. 이 아이들을 데리고 그야말로 길거리로 나가야 할 현실이 되었으니 정신이 나간 사람마냥 모든 것에 무기력해지는 것은 당연했다. 내 아이들이 잠자고 일어나고 살아가는 집이라도 지키려 했지만 서서히 한계를 느끼고 있었다. 재웅이는 아직 어려서 잘 모르지만 6학년 지나는 곧 눈치를 챌 텐데, 한창 예민할 나이에 나는 어떻게 대처해야 하나, 어떻게 설명해야 하나 걱정이 앞섰다.

아이들은 항상 부모를 본다. 엄마와 아빠가 표정이 밝으면 아무리 큰일이 일어났더라도 아이들은 안심한다. 생각이 거기에 미치자 나는 애써 밝은 표정을 지으며 분명한 목소리로 설명하기 시작했다.

“지나야, 재웅아. 실은 엄마 아빠가 사업을 하다가 조금 어렵게 되었어. 그래서 앞으로는 사람들이 많이 찾아올 거야. 힘들지만 조금만 참으면 돼. 엄마가 반드시 다시 회복할 거야. 걱정하지 마. 너희들은 이 엄마 아빠만 믿으면 돼.”

엄마의 밝은 표정에서 희망과 굳은 의지를 느꼈는지 주눅들어 있던 아이들의 표정도 밝아졌다. 그런 아이들을 보는 순간 부모로서 아이들을 고생시키지 않아야 한다는 강한 의지가 솟아올랐다. 그 의지가 나를 조금씩 변화시키고 있었다.

그러나 엄마의 자신감을 믿고 기다리는 아이들에게도 고통은 있었다. 집은 얼마 지나지 않아 경매로 넘어갔고, 없는 돈으로 살 곳을 마련하기 위해 분주하게 발품을 팔았다. 다행히 지인의 빌라에서 2년 동안 살 수 있게 되었고, 나는 아이들을 불러놓고 이런 상황을 설명하며 다독였다. 그러나 현실은 호락호락하지 않았다. 돈이라는 게 잃는 것은 순식간이지만 다시 회복하기는 절대 쉽지 않다는 사실을 매순간 깨달으며, 하루하루를 어두컴컴한 터널 속에서 몸부림쳤다. 당장 생계를 유지하기에도 벅찬 현실에서 아이들 교육을 제대로 돌아볼 겨를이 없는 건 당연했다. 빚 독촉에 시달리며 생활고를 겪고 있던 당시, 아이들이 학교에 어떻게 다니는지, 무엇이 필요한지, 준비물은 무엇인지 일일이 챙길 수가 없었다. 우선 당장 급한 것은 아이들을 굶기지 않는 것이었다.

남편은 사업 실패 후 충격에서 벗어나지 못했다. 교육자 집안에서

곧게 자라 세상 물정을 잘 모르는 탓에 쉽사리 세상 밖으로 나가지 못
했다. 그 마음을 이해하기에 무작정 등 떠밀 수도 없는 노릇이었다. 나
는 아이들을 맡겨놓고 생활전선에 뛰어들었다. 그 시절 우리의 삶은
살아가는 삶이 아니라 견디는 삶이었다. 일을 끝내고 집으로 돌아오
면 밤 12시에도 빚 독촉 브로커들이 현관 앞을 지키고 서 있다가 집안
까지 따라 들어왔다. 나는 아이들이 놀랄까봐 서둘러 방으로 들여보
내고, 혼자 그들을 상대해야 했다. 이런 생활도 곧 익숙해졌기 때문일
까. 우리 집은 이제 가난해졌다고 생각한 재웅이와 지나는 무엇 하나
사달라고 조르는 법 없이 또래 아이들보다 빨리 철이 들어갔다.

인생은 다시 원점으로 돌아가며 후퇴하고 있었다. 이해할 수도, 수
긍할 수도 없었지만 이렇게 연습 없는 내 인생의 서막이 열렸다.

힘들수록 긍정의 말을 곱씹었던 날들

• • •

극심한 생활고에도 이대로 무너지면 안 된다고, 아이들에게 한 약
속을 지키고 다시 일어나 성공해야 한다고 스스로에게 최면을 걸었지
만 열망만으로 가능한 것은 많지 않았다. 그래도 공부를 곧잘 하던 지
나는 친구들이 학원을 다녀도 같이 학원에 보내달란 소리도 못하고
그대로 공부에 손을 놓는 듯했다.

하루는 지나 친구의 엄마가 나를 찾아왔다. 사업에 실패하기 전 잘

알고 지내던 동네이웃이었다. 자세한 내막을 이야기하지 않아 당시의 우리 집안 사정을 잘 모르고 있었다.

"지나 엄마, 이야기 좀 할 게 있는데요. 돈 버느라 바쁜 것도 중요하겠지만 아이들 돌보고 공부시키는 것이 더 중요하지 않아요? 여태까지 공부를 잘했는데 지나 엄마가 돈 벌겠다고 돌아다니니까 지나가 성적이 말이 아니래요."

눈물이 나는 것을 겨우 참고 고개를 끄덕이면서 고맙다고 했다. 그리고 가는 뒷모습을 바라보며 생각했다.

'만약 아이들이 굶으면서 배고파하는 것과 공부하는 것, 둘 중에 하나를 선택하라면 당신은 무엇을 선택할까? 그걸 알면 나를 이해하게 될 거야.'

그렇지만 그 진심 어린 충고는 지금도 정말 고맙게 생각한다.

사실 지나는 4학년 때 수학경시대회에 나가서 4등을 했다. 성적표에는 항상 [수]와 [우]뿐이었고 반에서 1등을 하기도 했다. 집안이 어려워진 후 6학년 때 다시 그 경시대회에 나갔는데, 학교에서 받아온 비교분석표에서 지금도 잊지 못할 한 구절을 발견했다. '좋은 두뇌를 가진 학생이지만 교육에 대한 부모의 관심이 낮은 환경이어서 아이의 재능을 살리지 못하는 것 같다'는 내용이었다. 맞는 말이었다. 한편으론 기가 막혔지만 어찌 그렇게 가정 상황을 다 지켜본 듯이 정확하게 파악했는지 참 신기했다.

하루는 재웅이가 이런 말을 한 적이 있다.

"엄마, 엄마는 다른 엄마들하고 다른 것 같아."

"왜 그렇게 생각해?"

"친구네 집에 놀러 가면 친구들은 항상 많이 혼나거든. 그런데 엄마는 나에게 화도 잘 안 내고 항상 친절하고 잘 웃잖아."

"엄마를 그렇게 봐주어서 정말 고마워."

재웅이가 나를 그렇게 평가해준 것은 또래 아이들에 비해 공부에 대한 스트레스가 전혀 없었기 때문일 것이다. 공부하라는 잔소리를 한 번도 하지 않았으니 아이는 행복할 수밖에 없었다. 한글을 배우지 못한 상황에서 학교에 들어가 받아쓰기 10점을 받아와도 재웅이는 혼나지 않고 되려 엄마 아빠에게 위로를 받았다.

"괜찮아, 지금은 놀아도 돼. 나중에는 정말 잘하게 될 거야. 5학년, 6학년이 되면 1등도 할 수 있어. 넌 훌륭하게 될 거야. 우리 재웅이는 꼭 박사님이 될 거야."

재웅이가 5, 6학년이 될 즈음이면 형편이 나아져서 마음껏 공부할 수 있도록 뒷바라지를 해줄 수 있을 거라는 믿음에서였다. 지금에 와서 생각하니 그 긍정의 말들이 오늘의 재웅이를 만들지 않았나 하는 생각이 든다. 긍정은 긍정을 낳는다고 했던가. 아이들과 한 약속을 지키기 위해서는 좌절, 절망, 불행이란 단어는 생각해서도 안 되는 것이었다. 이때부터 우리 가훈은 '긍정적인 삶을 살자'가 되었다. 너무나 힘든 시간을 보내고 있었지만 모든 것을 긍정적으로 바라보며 살아가다 보면 긍정적인 삶과 미래가 찾아오지 않을까 하는 바람에서였다.

안 그래도 힘이 드는데 엄마가 우울해하면 아이들에게 바로 그 영향이 미친다는 것을 알았기 때문에 어디서든지 주눅 들지 않고 당당하고 용기 있는 엄마, 자신감 있는 엄마, 밝은 엄마, 성공할 수 있는 엄마가 되도록 노력했다. 우린 절대 불행하지도, 가난하지도 않다는 막연한 자신감이 있었다. 그리고 잘 살게 되리라는 꾸준한 희망과 믿음을 항상 놓지 않았다. 아마도 힘든 가운데서도 열심히 일하며 지칠 줄 모르는 에너지와 희망을 얘기할 수 있었던 가장 큰 힘은 가족이 아니었나 싶다.

보통 사업 실패로 인해 경제적 어려움을 겪게 되면 가장 먼저 부부 간에 불화가 생기고 이혼으로 이어져 가족이 붕괴되는데, 우리는 오히려 없을수록 더 똘똘 뭉쳤다. 가족을 보면서 무엇이든 좋은 쪽으로만 생각하자고 다짐했다. 아이들이 없을 때는 돈 때문에 부부싸움도 많이 했지만 곧장 마음을 고쳐먹었다. 돈이 없어 이렇게 고통스러운데 싸우기까지 해서 스트레스를 받으면 병밖에 더 나겠느냐는 생각이었다. 현실적으로도 아프면 정말 큰일이었다. 다행히 식구들은 어지간한 독감 정도는 약도 없이 이겨냈다. 나는 일로 인한 허리 통증이 심했지만 병으로 여기지도 않았다. 하루하루가 최선이고 가족이 모이는 저녁시간이 행복이었다. 항상 긍정적으로 살려고 노력하니 아이들 또한 엄마를 남다르게 생각했다.

그림으로 가득 찬 위기의 알림장

● ● ●

재웅이가 초등학교 1학년에 입학하고 얼마 지나지 않았을 때, 어느 날 현관문 아래 틈 사이로 쪽지가 들어와 있었다. '재웅이는 바보. 재웅이는 빵점짜리'라고 쓰인 쪽지였다. 재웅이는 내가 쪽지를 보기도 전에 달려와서 갈기갈기 찢어버렸다.

"엄마 여자애들은 때리면 안 된다고 했지? 주먹으로 막 때리고 싶은데 여자애라서 때리지도 못하겠어……."

눈물이 그렁그렁 맺힌 재웅이는 잔뜩 화가 나서 어쩔 줄 몰라 했다. 이튿날 나는 그 애들이 누군지 알아보기로 했다. 아주 똑똑하게 생긴 여자아이 두 명이었다. 아이들을 불러서 왜 그랬냐고 직접 물어보았다.

"재웅이는 한글도 잘 못쓰고 만날 빵점만 맞고, 그래도 같이 놀고 싶은데 재웅이가 안 놀아줘요."

"그렇게 바보라고 놀리는데 누가 놀아주겠니?"

아이들을 적당히 타일렀지만 그 후로도 한동안 놀림을 많이 당한 것 같았다. 그 일이 있은 뒤 재웅이는 여자아이들만 보면 질색을 했고, 중학교 졸업할 때까지 여자아이들과 어울리는 것을 보지 못했다. 그 아이들 때문인지 글을 가르쳐달라고 책을 들고 나를 따라다니는 일도 점점 뜸해졌고 공부 자체에 대한 관심도 사라져갔다.

1학년이 끝나갈 무렵 학예회를 한다고 해서 처음으로 학교에 갔다가 선생님을 뵈었다. 그런데 선생님은 나를 보자마자 대뜸, "어머니,

오늘 재웅이한테 가서 백 번 절하세요"라고 하는 것이다.

나는 영문을 몰라 선생님을 빤히 쳐다보았다.

"무슨 말씀인지 모르시죠? 재웅이가 그동안 참 힘들었어요. 매일 알림장을 쓰는데 한글을 몰라서 글씨를 따라 그림을 그려요. 제가 칠판에 알림장 내용을 써주면 재웅이는 그걸 읽고 쓸 줄 모르니까 그냥 따라서 그리는 거예요. 우리 반 애들이 그런 재웅이를 기다리느라 1년 내내 모두 늦게 집에 돌아갔어요."

너무나 죄송해서 얼굴도 못 들고 어쩔 줄 몰라 하는 내게 선생님이 미소를 지으셨다.

"그런데 재웅이 너무 귀엽게 생겼잖아요. 저도 집에 재웅이하고 닮은 아들이 하나 있는데 우리 아들도 학교에 들어가면 나도 직장생활 하느라 바빠서 저러지 않을까 하는 생각이 들어서 혼도 못 내겠더라고요."

"선생님, 정말 죄송하고 감사합니다."

아이들도 바보라고 놀려대는데, 그때 선생님이 다독거려주지 않고 혼냈다면 오늘의 재웅이는 없었을 거라는 생각이 든다.

가까운 지인의 자녀가 정반대의 상황을 겪은 안타까운 일이 있었다. 재웅이 또래였던 지인의 아들은 사람을 두려워하는 성격이었고 학교에도 나가지 않으려 하는 대인기피 성향을 보였다고 한다. 어느 날 이 아이의 짝꿍이었던 여자아이가 학교에서 울음을 터트렸다. 놀란 선생님이 다가가자 여자아이는 짝꿍이 자기 치마를 들췄다고 하소연을 했다. 당황한 아이는 사실이 아니라고 했지만 선생님은 믿지 않았다. 선생님은 이미 여자아이의 편에 서 있었고, 같은 반 아이들을 빙둘러 앉힌 후 일명 모의재판을 했다고 한다. 아직 초등학교 3학년밖에 안 된 어린아이가 감당하기에는 너무나 어처구니 없는 일이었다. 아이는 그 일로 심한 충격을 받았고 이튿날 등교하던 정문 앞에서 쓰러졌다. 아이의 엄마도 크게 상처를 받았고 결국 중학교 때 학교를 그만두고 말았다. 똑똑하고 총명한 아이였지만 배려심 없는 선생님의 잘못된 판단이 이렇게 한 아이의 인생을 바꾸어놓고 만 것이다.

혼자 고양이 굴을 뒤지던 아이

2학년이 된 재웅이는 결국 선생님의 도움으로 한글을 조금씩 익혔다. 그러나 문제는 수학이었다. 이번에는 담임선생님으로부터 편지가 왔다.

'재웅이 어머니 보세요. 재웅이가 구구단을 외우지 못하니 다른 친구들 수업에도 지장이 있습니다. 집에서 지도 부탁드립니다.'

나는 그 편지를 남편에게 보여주며 구구단표를 좀 만들어주라고 부탁하고 다시 일을 하러 다녔다. 교육은 또다시 뒷전이 되었다. 학교에서 잘하고 있겠거니 생각하며 그저 이 어려운 재정 상태를 빨리 극복해야 한다는 마음만 앞서 있었다. 그래야 아이들이 제대로 자유롭게 공부할 수 있을 것 같았다. 그러나 아이들은 계속 자라고 있으며 기회는 계속 사라지고 있었다.

어느 날 태권도 사범님이 찾아왔다.

"재웅이를 그냥 그렇게 놔두실 겁니까? 지금 재웅이 또래 중에 한글 모르는 애는 재웅이밖에 없습니다. 제 아내가 하는 속셈학원이라도 보내 보세요. 정말 제가 너무 답답해서 그럽니다."

그러나 태권도비도 잘 내지 못하는데 속셈학원비까지 계산하니 답이 안 나왔다. 할 수 없이 생각해보겠다고 얼버무렸고, 그 속셈학원은 끝내 보내지 못했다. 학습지 한 장 받아볼 여유가 없었기 때문이다. 한 번은 재웅이가 저녁 늦게 얼굴이 새까맣게 그을려서 집에 들어왔다. 옷도 성한 구석 없이 엉망이었다.

"재웅아, 어디 갔다 왔어? 얼굴이 왜 이래? 어떻게 된 거야?"

다그치는 질문에 시커먼 얼굴을 한 재웅이가 씨익 웃었다.

"나 고양이 굴에 들어가서 새끼 고양이들과 놀고 왔어!"

"아니, 고양이 굴이 어디 있어? 그런 곳에 들어가면 위험할 텐데…… 고양이 엄마가 물면 어떡하려고?"

"심심해서 그랬어."

친구들은 모두 학원을 다니고 있으니 수업이 끝나고 집에 오면 재웅이는 언제나 혼자였다. 위험하니까 이제부터는 고양이를 찾으러 다니지 말라고 타일렀지만 가슴이 미어지는 건 어쩔 수가 없었다. 엄마가 집에 있으면서 돌봐주어야 하는데……. 요즘 세상에 고양이 굴을 찾아다니며 노는 애는 우리 아들밖에 없겠다는 생각을 하자 목이 메었다. 재웅이는 항상 집 열쇠 목걸이를 하고 다녀서 '개 목걸이'라는 별명도 얻었다. 집 열쇠를 목에 걸고 혼자 여기저기 놀러 다니다가 엄마 없는 애라는 오해를 받기도 했다. 이사하고 2년쯤 지났을 때였다.

재웅이가 나를 부르며 달려오는데 동네 아줌마가 옆에서 "어머, 얘 엄마가 있었네? 엄마 없는 앤 줄 알았는데" 하는 것이었다. 민망하리만치 크게 이야기해서 듣지 않을 수가 없었다.

"얘가 제 아들이에요. 직장생활하느라 조금 일찍 나가고 좀 늦게 들어와요" 하고 애써 변명했지만 입이 썼다. 새벽에 나가 밤늦게까지 너무 바쁘게 일하다 보니 동네에서 나를 본 사람이 없을 정도였던 것이다. 그런데 재웅이 입에서 더 기가 막힌 이야기가 나왔다.

"엄마, 친구 엄마들이 나보고 엄마가 없는 애라고 놀지 말라고 그랬었대."

이건 또 무슨 소리인가. 진짜 너무하다는 생각이 들었다. 아무리 자기 자식이 아니라고 어떻게 그런 말을 아이에게 할 수 있단 말인가. 정말로 엄마가 없는 아이였다면 얼마나 큰 상처가 되었을까. 자기 자식을 위한다면서 함부로 그런 말을 하다니……. 그런 말을 들으며 자라는 아이들은 얼마나 지독한 편견에 사로잡혀 세상을 바라보게 될 것인지, 한치 앞도 생각하지 못하는 사람들이라는 생각이 들었다. 아이들은 순수하고 단순해서 들은 말을 그대로 친구에게 전달할 것이고 그로 인해 상처받은 아이는 또 얼마나 원망스런 마음으로 세상을 살아갈 것인가.

그날 밤은 도저히 잠이 오지 않았다. 괘씸한 여자들이라는 생각에 화가 치밀어 올랐지만 그 마음도 얼마 가지 못했다. 내가 우리 아이를 방치한 탓에 벌어진 일이었다. 모든 게 내 탓이라는 생각에 결국 스스로를 자책했다. 그러나 그 순간에도 나는 아이들을 향한 알 수 없는 믿음이 있었다. 늘 잘 될 것이라는 믿음이었다. 지금은 여건이 좋지 않아 공부를 하지 못하지만 언젠가는 잘하게 되리라는 근거 없는 믿음은 한결같았다. 재웅이 또한 엄마의 믿음을 믿었고 주눅 드는 일 없이 자유롭게 자랐으며 언젠가 자신이 훌륭한 사람이 되리라는 것을 믿었다. 공부를 못하는 것쯤은 아무것도 아니라는 듯이 늘 밝았다. 한글도 잘 모르면서 자신의 꿈이 검사라고 이야기하기도 했다.

어느 날 재웅이가 씩씩거리며 화가 난 얼굴로 들어왔다.

"엄마! 내가 검사가 안 될 것 같아?"

"아니! 재웅아 너는 검사가 될 수 있어. 왜? 누가 뭐라고 하니?"

"놀이터에서 노는 애들이 나보고 나중에 커서 뭐가 될 거냐고 물어서 내가 검사라고 했더니 막 놀려. 내가 검사가 되면 자기는 대통령도 될 수 있대. 그런데 나는 검사 될 수 있어! 그렇지?"

아이들 세계의 단순함에 웃음이 나왔지만 재웅이가 공부를 못해도 마음은 움츠려들지 않았다는 점에 감사했다.

재웅이는 3학년이 되었다. 집에서는 잘 몰랐는데 주변에서 재웅이가 점점 산만해진다고 입을 모았다. 공부는 안 하고 매일같이 뛰어노는 일 뿐이니 장난이 점점 심해졌던 모양이었다. 당시 재웅이는 친구를 따라 교회에 다녔는데 우연히 그 교회의 교인들과 같이 차를 타게 되었다. 서로 동네이웃이고 아는 얼굴들이라 인사를 나누는데 내가 재웅이 엄마라는 것을 알게 되자 어떤 분이 재웅이 이야기를 하기 시작했다. 재웅이 친구와 비교하면서 재웅이가 얼마나 산만한지를 강조하며 큰소리로 가정교육까지 들먹이는데 나는 얼굴이 빨개지고 화끈거려 고개를 들 수가 없었다. 쥐구멍에라도 숨고 싶은 심정이었다. 처음 만난 사람 앞에서 그토록 당당하게 훈계를 하다니……. 그 사람의 얼굴은 지금도 잊혀지지가 않는다. 집으로 돌아와서도 억울하고 분한 마음이 가시지 않아 화를 삭이고 있는데, 문득 궁금해졌다. 그 집 아이들은 얼마나 훌륭하기에 우리 아이를 그렇게 매정하게 평가한 것일까? 마침 딸과 같은 학교, 같은 학년이라길래 그 아들에 대해 물었다.

"말도 마, 머리는 노랗게 물들이고 학교에서 제일 가는 문제아야."

엄마는 항상 내 편! 긍정의 달인이 된 재웅이

재웅이가 슬그머니 내 옆으로 온다. 딱 봐도 엄마 눈치를 살피는 모양새였다. 한참 머뭇거리며 입술을 달싹이다가 마침내 입을 열었다.

"엄마, 만약에 말이야. 만약에 학교 선생님께서 엄마보고 학교에 오라고 하면 엄마는 어떻게 할 거야?"

불안한 마음에 눈동자가 흔들렸다. 순간 이 녀석이 사고를 쳤구나 하는 생각이 들었다.

"재웅아 학교에서 무슨 일이 있었어? 선생님께서 엄마보고 학교에 오라고 하셨어?"

"아니, 지금은 아닌데 엄마 오라고 할지도 모른대."

움츠린 아이를 붙잡고 이것저것 물었다. 들어보니 학교에서 재웅이가 장난이 심해 책상을 들고 앞에 나가 선생님 옆에서 혼자 공부한 지가 꽤 되었다는 것이었다. 그리고 자꾸 떠들면 엄마 오시게 할 거라고 했단다. 그럴 때마다 잔뜩 겁을 먹고 고민하다가 결국 털어놓은 것이다. 나는 부드럽게 웃으며 말했다.

"재웅아, 엄마 학교 다닐 때 이야기를 해줄까?"

엄마한테 혼이 날 줄 알았는데 오히려 부드러운 말을 들은 재웅이는 어리둥절한 표정을 지었다.

"엄마가 너만 할 때 말이야. 우리반에 말썽꾸러기 남자아이가 하나 있었어. 선생님은 매일 그 아이 때문에 화가 나서 소리를 지르는 거야. 그 아이도 너처럼 책상을 앞으로 들고 나가서 벌을 서곤 했어. 그런데 다들 어른이 돼서 동창회에 나갔더니 신기하게도 그렇게 콧물 질질 흘리고 말썽만 부리던 아이가 가장 멋있게 변한 거야. 사업해서 돈도 많이 버는 사장님이 되었어. 남자아이들이라면 학교 다닐 때 다들 그렇게 한 번씩 혼나. 선생님께서 부르면 엄마가 가서 잘 이야기할게. 걱정 말고 엄마만 믿고 학교 잘 다녀. 너는 엄마 친구처럼 훌륭한 사람이 될 테니까 말이야. 알았지?"

재웅이는 그 말을 듣더니 금세 표정이 밝아졌다. 축 처져 있던 어깨도 다시 굳게 펴졌다. 이튿날 학교 갈 준비를 하는데도 가방을 메면서 콧노래를 부르고 기분이 좋아 보였다. 집이 떠나갈 듯 크고 밝은 소리로 "학교 다녀오겠습니다!" 하고 뛰어갔다. 다른 날과 다르게 기운차고 좋아하는 모습을 보니 그동안의 마음고생이 컸나보다.

그 일은 아들에게 큰 변화를 가져왔다. 모든 일에 자신감을 갖게 된 것이다. 엄마는 항상 내 편이라는 것을 굳게 믿으며 성격이 한층 밝아졌다. 누구한테 야단을 맞으면 잘못을 인정하고 반성했지만 혼이 났다고 기죽지 않았다. 수업 태도가 좋아졌는지 다행히 담임선생님은 엄마를 부르지 않았다.

사실 재웅이 학예회 날 외에는 아이들 학교로 찾아가본 적이 없었다. 새 학기가 되면 학년 초 학부모총회를 하는데 그때 많은 엄마들이 담임선생님의 얼굴을 익힌다. 그러나 나는 딸과 아들을 맡겨놓고 학부모총회도 참석하지 못했다. 관심이 없었던 것이다. 지금은 자녀교육에 깊은 관심을 갖고 보니 학부모로서 담임선생님과 자녀에 대해 여러 가지 상담을 하는 것이 꼭 필요한 것임을 알았다. 내 아이에 관한 정보를 담임선생님께 알려 이해와 배려를 받도록 하는 것은 아이와 선생님이 친밀함을 유지하는 데 큰 도움이 된다.

그날 이후 재웅이는 학교를 정말 즐겁게 다녔다. 워낙 긍정적이라 적응도 빨랐다. 졸업할 무렵에는 담임선생님이 '우리 반에 혼나고 야단을 맞아도 뒤돌아서면 바로 웃고 뒤끝이 없는 애가 한 명 있는데 그게 바로 재웅이'라면서 좋은 성격을 가졌다고 칭찬했다고 한다. 재웅이의 낙천적인 성격이 바로 그때 형성된 것이 아닌가 싶다. 자신을 믿고 지켜주는 존재가 있다는 확신이 있기에 어떤 일에도 기죽지 않고 당당한 아이가 된 것이다.

청결상 재웅이, 성적은 뒤에서 세 번째

수원으로 일하러 갔을 때의 일이다. 재웅이가 흥분된 목소리로 전화를 했다.

"엄마! 엄마! 나 상 탔어! 엄마 빨리 와!"

이건 또 무슨 소리일까 싶었지만 상을 받았다는 소리에 나도 모르게 들뜨기 시작했다. 무슨 상일까? 공부를 못하니 공부와 관련된 상은 아닐 텐데, 공부를 못해도 상을 주기도 하나보다. 주변에 같이 있던 분들도 아들이 상을 탔다고 하니 모두 축하해주셨다. 마음이 급해져 서둘러 집으로 달려갔다. 재웅이는 나를 줄곧 기다렸는지 집에 들어가자마자 상장을 들고 달려왔다.

나는 "우리 아들 훌륭하네!" 하며 가져온 상장을 받아 들었다. 하지만 상 이름을 보니 웃음이 터져나왔다. 재웅이가 받은 상은 바로 '청결상'이었다. 재웅이는 반신욕을 좋아했고 아침, 저녁으로 잘 씻고 옷도 깨끗한 것만 골라 입고 갔다. 늘 주위 형들의 옷을 물려받아 입고, 새 옷을 자주 사주지도 못했지만 남편은 매일 재웅이의 옷을 손수 세탁해 입혔다. 재웅이도 다른 건 몰라도 자기 몸 관리에는 아주 철저해서 사실 가난한 집의 아들이었지만 나가면 귀공자 같았다.

당시 학교에서는 아이들의 장점을 찾아 모든 아이들에게 다 상을 주었는데 선생님의 눈에도 재웅이가 깨끗해 보였던 모양이다. 공부도 못하고 예체능 분야에도 별다른 특이점이 보이지 않으니 굳이 '깨끗하다'는 장점을 찾아 청결상을 준 것이다. 재웅이가 상을 받았다고 기뻐하며 기가 살아나는 것을 보니 역시 칭찬은 아이들에게 베풀어야 할 최고의 덕목이 아닐까 하는 생각이 들었다. 재웅이는 당시 청결이라는 어려운 단어를 잘 몰랐다. 하지만 뛸듯이 기뻐했던 재웅이의 모습을 생각하면서 상장을 액자에 끼워 아주 오랫동안 집안에 걸어두었다. 두 모자가 전화기를 붙들고 함께 좋아했던 그 순간을 생각하니 볼 때마다 행복해졌다.

한번은 재웅이가 집에 돌아와 시험 치른 이야기를 했다. 의외였다. 재웅이가 시험에 관한 이야기를 하는 것은 태어나서 처음 있는 일이었다.

"엄마, 오늘 학교에서 시험을 봤는데 너무 잘 친 것 같아!"

"오 그래? 정말이야?"

사람들은 이럴 때 해가 서쪽에서 뜬다고 한다. 저 조그만 입에서 공부 이야기가 나오다니 대견하고 귀여워서 웃음이 났다. 얼마만큼 잘

쳤을까? 몇 점을 받았냐고 물으니 고개를 갸웃거리며 점수는 잘 모르겠고 많이 맞았다고 했다.

"잘 모르겠지만 반에서 10등 안에 든 것 같아. 엄마가 내일 선생님 만나서 몇 등 했는지 물어봐."

반에서 10등 안으로 들어갔다면 정말 잘했는데……. 학습지 한 권 풀어본 적도 없으면서 10등이라니, 재웅이는 어쩌면 정말 머리가 좋은 아이일지도 모른다는 생각에 갑자기 흥분이 되었다. 재웅이의 부탁도 있고 시험도 잘 보았다고 하니 선생님을 직접 만나 뵈어도 괜찮겠다는 생각이 들었다. 사실 내 자식이 공부도 잘하고 모범생이면 선생님을 찾아가는 것이 떳떳할 것 같은데 그 반대의 경우에는 쉽게 용기가 나지 않는다. 공부를 못한다는 것이 창피한 일은 아니지만 선생님께 무슨 말을 듣고, 무슨 말을 해야 할지 고민이 되는 것은 사실이었다. 하지만 재웅이가 시험을 잘 보았다고 하지 않은가! 어깨를 펴고 담임선생님을 만나러 가도 되겠다 싶었다.

그러나 처음으로 인사를 드리는 담임선생님의 표정은 그리 밝지 않았다. 재웅이 엄마라고 소개하자 선생님의 얼굴에 '심기 불편'이라는 글씨가 두둥실 떠오르는 것 같았다. 조금 무안했지만 기왕 왔으니 여러 집안 사정을 이야기해야겠다고 생각했다. 그리고 이번 시험 성적에 대해 여쭸더니 선생님은 반 아이들의 성적이 적힌 성적표를 가져왔다. 나는 잔뜩 기대하는 마음으로 재웅이의 이름을 찾았다. 그런데 아무리 찾아도 앞쪽 상위권에는 재웅이 이름이 없었다. 한참을 내려가보니 재웅이의 이름은 마지막 부분에 있었다. 그것을 보고 우리는 꼴찌 대열이라고 부른다. 같은 반 학생들이 30명쯤 된 것으로 아는데 재웅이 이름 앞의 숫자는 27이었다. 나도 모르게 '어머!' 소리가 튀어나왔다. 충격을 받아 어쩔 줄 몰라 하는 내 모습에 선생님이 더 미안해하며 급히 변명을 해주었다.

"저 어머니, 등수는 별로 큰 의미가 없어요. 뒤에서부터 10명이 모두 비슷한 점수예요. 평균 점수가 거의 비슷해요."

그러나 내 귀에는 선생님의 배려가 닿지 않았다.

"그런데 선생님, 요즘 아이들은 다 공부를 잘하나봐요?"

"네. 대체로 잘해요."

하긴 동네 전체가 학원이다 과외다 안 다니는 애들이 없을 정도이니 잘할 수밖에 없을 것이다. 내가 학교를 다니던 학창 시절에는 빵점을 받아야 꼴등이 되거나 공부 못하는 아이로 낙인 찍혔는데 요즘 아이들은 평균 5~60점대가 나와도 꼴찌 소리를 듣는다는 것을 처음 알았다. 그동안 재웅이가 받아쓰기 10점, 20점을 비롯해 40점이 넘는 시험지를 받아본 적이 없었으니 언제나 꼴찌일 수밖에 없었다. 나는 재웅이가 공부를 못한다는 생각보다 요즘 애들이 다들 공부를 너무 잘한다는 것에 더 놀라며 집으로 돌아왔다.

사실 이번 시험은 재웅이의 말대로 재웅이 기준에서는 꽤 잘 치렀다. 성적표에서 등수를 확인하고 너무 당황해서 정확한 점수는 기억나지 않지만 아마 평균 60점대였을 것이다. 평소 반 아이들의 점수에 특별히 관심이 없었던 재웅이는 평소보다 더 잘 나온 점수 때문에 반에서 10등 안에는 들었을 거라 생각한 것 같다. 아이의 순진함이 귀여워 웃음이 났다. 그래도 자신의 등수를 궁금해하는 적극적인 모습을 보인 것만으로도 대단한 발전이었다.

집으로 돌아오니 재웅이는 엄마를 엄청 기다렸다는 듯이 질문을 쏟아냈다. 잔뜩 기대한 표정으로 "엄마 나 잘했지? 몇 등이래?" 하고 묻는 것이다. 천진난만한 표정을 보니 차마 30명 중에 27등이라는 소리가 나오지 않았다.

"응, 선생님께서 우리 재웅이 너무 잘했다고 하셨어. 그런데 등수는 알려줄 수 없대."

재웅이는 기대했던 적극적인 칭찬이 없자 조금 실망한 눈치였다.

"재웅아, 엄마가 말했지? 너는 5학년, 6학년 올라가면 훨씬 더 잘하게 될 거야. 지금은 열심히 놀아도 돼. 그때 잘하면 돼. 지금은 걱정 말고 마음껏 놀아."

지금 생각하면 무슨 생각으로 그렇게 매번 5학년, 6학년을 들먹이며 무작정 잘하게 될 거라는 이야기를 했는지 모르겠다. 그러나 신기하게도 정말 그렇게 되리라는 강한 믿음이 있었다.

공부 못한다고 집에 놀러 오지 말래요

지나고 보니 재웅이는 초등학교 3학년 때 공부할 기회가 있었는데 놓쳤다는 생각이 든다. 3학년이 된 재웅이가 공부에 관심을 갖고 스스로 성적을 조금 올리고 등수에 관심을 보였다. 그때 내가 옆에서 공부의 방향을 잘 잡아주고 이끌어주었다면 이후의 공부가 훨씬 수월했을 것이다. 아이들은 그런 마음이 들었을 때 이끌어주지 않으면 반전이 생긴다.

재웅이의 경우가 그렇다. 스스로 흥미를 가지던 시기를 놓치고 '지금은 놀아도 된다'는 말만 듣다 보니 4학년이 되어서는 진짜 노는 아이가 돼버렸다. 학교 공부와는 완전히 거리가 멀어졌다. 친구들도 모두 재웅이처럼 공부를 거의 안 하는 아이들이었다. 아이들은 초등학교 3학년 때까지는 엄마 말을 잘 따르지만 4학년이 되면 크게 달라지기 시작한다. 교과서 내용도 4학년부터는 훨씬 어려워진다. 이제 고학년이 되었고, 본격적인 공부가 시작되는 것이다. 그러면서 재웅이도 현실을 인식하기 시작한 것 같았다.

늘 그랬던 것처럼 "너는 5학년, 6학년 때 잘하게 될 거야"라고 했더니 이제는 "아이~ 엄마는!" 하면서 웃어 넘겨버리는 것이다. 그렇게 되지 않으리라는 것을 어렴풋이 느꼈던 모양이다. 공부를 가르쳐주지도 않고, 공부하라는 잔소리도 안 하고, 그저 막연하게 잘하게 될 거라는 자기최면 같은 메시지는 이제 더 이상 통하지 않았다. 그런 재웅이를 보는 나의 마음은 점점 불안해졌다. 사실 4학년부터는 절대 공부를 놓치면 안 된다는 이야기를 많이 들었다. 내가 생각해도 4학년 교과 과정은 매우 중요한 것 같았다. 4학년은 이후의 모든 교과 과정의 시작이자 전부였다. 마음이 초조해진 나는 이번 일만 잘 되면 돈을 벌 수 있을 거라고, 그런 다음에 본격적으로 공부를 시켜야겠다고 마음 먹었다.

어느 날 재웅이가 교회에 친구를 데리고 왔는데 건들거리는 것이 공부와는 거리가 멀어 보였다. 그 아이에게 다가가 잘 왔다고 반겨주면서 재웅이랑 어떻게 친구가 되었는지 물었다.

"우리 같은 애들은 서로 알아봐요."

우리 같은 애들? 우리 같은 애들이라는 게 무슨 뜻일까? 그 말을 들으니 머릿속이 복잡해졌다.

4학년 1학기가 지나가고 2학기가 시작되었다. 시간은 정말 빠르게 흘러갔다. 이것만, 저것만 해결하자고 스스로를 다독이다가 반 년이 순식간에 지나간 것이다. 하루는 표정이 어두워진 재웅이가 대뜸 말을 꺼냈다.

"엄마, 친구네 할머니가 나만 집에 못 오게 하셔. 내가 공부를 못한다고……. 나는 할머니한테 잘 보이려고 멀리서도 막 뛰어가서 인사도 잘하는데 만날 나만 미워해……."

심장이 빠르게 뛰었다. 그런 상황 자체도 화가 났지만 마음에 상처를 입었을 재웅이가 안쓰럽고 가여웠다.

"괜찮아, 재웅아. 그 할머니는 우리 아들을 잘 몰라서 그래. 너는 앞으로 공부도 잘하고 최고가 될 거야. 그때는 할머니가 너를 찾아와 제발 놀러 와달라고 사정하게 될 테니까 걱정 마. 아마 땅을 치고 후회하실 거야."

그냥 달래주기 위해서 한 말이 아니었다. 재웅이에 대한 믿음과 확신을 갖고 다짐하듯 말했다. 일전에도 학교 친구들에게 어리바리하다고 놀림을 받고 돌아와 시무룩한 표정을 지은 일이 있었다. 다들 선행학습까지 하고 있는데, 재웅이는 교과서도 제대로 파악하지 못했고 준비물을 빠트리고 숙제도 안 하는 일이 잦은데다 선생님의 질문에 대답도 잘 못하니 친구들에게는 어리바리한 바보로 비춰졌던 모양이다. 그 말에 재웅이도 꽤 충격을 받은 얼굴이었다. 망치로 한 대 얻어맞은 것처럼 나 역시 당황스러웠다. 마음 한켠에서는 더 늦으면 안 된다고, 더 이상 어리바리한 아이로 만들면 안 된다고 부지런히 신호를 보내고 있었다. 하지만 현실은 마음과 달랐다. 매일 같은 다짐만 반복하면서 하루가 가고, 한 달이 갔다. 가장 중요하다는 4학년을, 공부는 시도도 못해본 채 흘러 보내버린 것이다.

엄마가 공부해야
아이도 공부한다

　가는 곳마다 눈에 밟히는 게 있었다. 바로 아이들이 공부하는 모습이다. 몇 학년인지 궁금하고 공부는 어떻게 하는지, 학원은 다니는지, 과외를 하는지 물었다. 많은 사람들에게 많은 질문을 했고 같은 이야기를 반복해서 들었다. 4학년을 놓쳤다면 앞으로 힘들다는 이야기뿐이었다. 매번 가슴이 철렁 내려앉았지만 그래도 포기하진 않았다.

　그러다 운이 좋았던지 17년간 과외 선생님으로 일한 고객을 만나게 되었다. 매일 그 집에 가서 아이들 공부하는 과정을 옆에서 슬그머니 보며 다른 또래들이 어떤 공부를 하는지 지켜보았다. 그런데 정말 놀랍고 신기한 일이 있었다. 하루는 엄마들 몇 명이 와서 아주 심각한 이야기를 주고받고 있었다. 멀찌감치 앉아서 들어보니 아이들을 모아 함께 과외를 시키기 위해 유능한 선생님을 초빙하는 문제를 이야기하는 것 같았다. 4명이 한 팀이 되는데, 그 과외 선생님 자녀까지 포함해 모두 전교 1,2,3,4등을 하는 우등생들이었다. 그런데 그중 한 엄마가 울면서 다른 엄마들에게 사정을 하기 시작했다. 마치 죄인이라도 된 듯한 얼굴이었다. 엄마들이 모두 돌아가고 나는 급히 물었다.

"도대체 무슨 일인데 저 엄마는 저렇게 울면서 사정을 해요?"

"전교 1등 아이의 엄마가 전교 4등 하는 아이를 과외 팀에 안 끼워 주겠다고 해서요."

"아니, 왜요?"

"어휴 말도 말아요. 나도 할 말이 없어서 숨죽이고 있었어요. 나한 테 불똥이 튈까봐요. 사실 우리 아이는 다른 아이들처럼 엄청 잘하는 건 아닌데, 내가 선생님을 섭외해서 끼워주는 거예요. 4명이 한 팀인 데 우리 아이까지 하면 5명이니 한 명이 나가야 하는 상황이에요. 그 래서 공부를 제일 못하는 전교 4등이 나가야 된대요."

"그런데 점수 차이가 얼마나 나길래 1등 엄마는 저렇게 기세등등하 고 4등 엄마는 죄인처럼 굴어요? 실력 차이가 꽤 큰가보죠?"

학원도 보내본 적이 없고 학습지 한 번 안 시켜본 나로서는 너무나 다른 세상의 일처럼 느껴져 자꾸 묻지 않을 수가 없었다.

"1등은 평균 99점이고, 2등은 98점, 3등도 비슷해요. 4등은 97점 정도고요."

"아니, 그럼 2점 차이로 죄인이 되어 저렇게 울며 매달리는 거예 요?"

"선생님이 워낙 유명해서 섭외가 잘 안 되는데 이번에 시간이 난다고 해서 겨우 모신 거예요. 그러니 맞출 수밖에 없죠."

"그런데 무슨 과목이에요?"

"과학이요."

영어나 수학 과외를 한다는 소리는 많이 들었으나 과학 과외는 처음 들어서 더 놀랐다.

"과학도 과외를 해야 하다니…… 돈은 얼마나 들어요?"

"일주일에 한 번, 한 달에 1인당 40만 원이요."

갈수록 이해가 되지 않았다. 일주일에 한 번 하는데 40만 원씩이나 들인다면 사정은 이쪽에서 할 것이 아니라는 생각이 들어서였다.

"과학 한 과목 때문에 울고 매달려요?"

"그럼요. 중학생이 되니 과학이 어렵잖아요. 과학 점수가 잘 안 나온대요."

이게 말로만 듣던 사교육의 현실이구나……. 내 상식으로는 도저히 이해할 수 없는 상황들에 충격을 받지 않을 수 없었다. 여기가 강남 8학군도 아니고 수도권 변두리의 작은 동네인데도 이 정도라니, 다른 곳의 엄마들은 얼마나 열성적일까. 울면서 사정을 하던 그 엄마의 모습은 정말 굴욕적이었다. 어떻게 그런 굴욕을 참아내면서 저렇게까지 할 수 있을까. 이 엄마들은 과연 정상일까. 아니면 이 광경을 당황스러워하는 내가 비정상일까. 그날의 상황만 보자면 내가 비정상적인 엄마임이 분명했다.

사교육이 당연한 세상, 그 놀라운 현실을 실감하다

며칠 뒤 분당에 있는 고객 집에 방문했다가 또 깜짝 놀랄 만한 장면을 목격했다. 재웅이와 또래인 듯한 여자아이가 영어 원서를 유창하게 읽는 것이 아닌가!

"너 그거 다 읽을 수도 있고 무슨 뜻인지도 알아?"

"네. 다 알아요."

내가 재웅이를 공부시켜야겠다고 생각한 이후 이것저것 관심을 갖고 지켜보기 시작하자 놀라운 일들이 펼쳐지는 것이다. 다른 때 같았으면 제품 판매하는 일에 집중했겠지만 아이들 교육 문제가 너무 궁금해서 조언을 듣고 싶었다. 아이의 엄마는 교육 문제 때문에 일부러 분당으로 이사를 했다고 전했다. 오직 아이들의 교육을 위해서 말이다. 집에서 그저 열심히 놀고 있는 재웅이가 생각났다. 재웅이는 아직 우리말의 뜻도 제대로 파악하지 못하는데 이 아이는 영어책을 유창하게 읽어내고 있으니 나는 도대체 뭐하는 엄마란 말인가. 이런 수준의 아이들이니, 그 속에서 재웅이가 어리바리하다는 소릴 듣는 게 전혀 이상한 일이 아니었다. 더 이상 지체해서는 안 된다. 어떻게든 방법을 찾아야 했다.

또 다른 고객의 집을 방문했다. 이 집은 아들과 딸, 두 남매를 키우는 집이었다. 내가 찾아간 날은 학교에서 시험을 치렀는지 두 남매가 나란히 시험지를 펴놓고 있었는데, 가까이 가보니 아들의 점수가 전

과목 100점이었다. 재웅이와 같은 학년인 딸 역시 4과목 중 한두 개만 틀렸다. 입이 떡 벌어졌다. 공부 잘하는 아이들의 점수란 이런 것이구나. 어떻게 이런 점수가 나올 수가 있을까? 그 아이들의 엄마는 독서교육을 중점적으로 시키고 있다고 했다. 그런데 아이들의 일과를 들어보니 너무나 빡빡해 보였다. 매일 일정한 양의 책을 읽어야 하고, 매일 읽은 책에 대해 감상문을 쓰고 예습과 복습을 해야 하고, 게다가 일주일에 한 번씩은 일주일치의 독후감을 가지고 독서교육 그룹 아이들과 함께 대학교수나 작가님을 찾아가 발표하고 평가를 받는다고 했다. 공부와 독서를 그룹별로 한곳에 모여서 하는데 엄마들은 감독을 한다. 방학이 되면 아침 9시부터 저녁 6시까지 꼬박 스케줄에 따라 움직인다고 한다.

어휴! 내가 숨이 꽉 막히는 기분이 들 정도였다. 그래도 아이들이 열심히 잘 따라 한다니 그게 더 대단하고 신기하게 여겨졌다. 이 아이들은 분명 자라서 나라의 인재가 되겠지. 미래의 리더가 되어 많은 사람들에게 영향을 주겠지. 그런 사람들은 이렇게 길러지는구나. 그런데 우리 아들은? 또다시 재웅이의 얼굴이 아른거렸다. 아이들의 교육 환경은 비교할 수 없을 만큼 큰 차이가 있었다. 이 정도는 해야 제대로 교육을 받는 것일까? 아니, 이건 아이들을 지나치게 혹사시키는 게 아닐까? 여러 가지 복잡한 생각이 마음을 흔들었지만 나도 모르게 기가 죽는 건 어쩔 수가 없었다.

아이의 상태를 객관적으로 파악하기 시작하다

더 이상 미룰 수 없다고 판단했다. 어릴 때부터 5학년, 6학년이 되면 잘할 수 있다고 했던 약속을 지켜야 할 때가 온 것이다. 한 번 결심을 하고 생각이 열리자 어떻게 공부를 시작할 것인지 골똘히 고민하기 시작했다. 우선 재웅이의 현재 상태를 있는 그대로 적어보았다.

① 공부에 대한 기본 개념이 없다.
② 문제집이나 학습지를 풀어보지 못해 문제를 어떻게 푸는지조차 모른다.
③ 놀기만 하던 습관이 배어 있어서 집중할 수 있는 시간이 예측 불가능하며 전반적으로 산만하다.
④ 5학년이지만 현재 학습 능력이 몇 학년 수준인지 모른다.

이 문제점들을 다 만족시키고, 참고 인내하면서 아이의 성적을 올릴 수 있는 학원이 과연 있을까? 아니면 재웅이를 내 아이처럼 생각하고 가르쳐줄 과외 선생님이 있을까? 게다가 과외는 비용이 부담스러운데다 선생님마다 개인차가 커서 걱정이 되었다.

일전에 어느 집을 방문했는데 그곳도 소수의 아이들을 그룹으로 모아 가르치는 과외 선생님의 집이었다. 그 선생님은 사정이 생겨 과외를 그만두고 싶어했지만 엄마들의 요청에 어쩔 수 없이 계속 하는 중이었다고 한다. 그러다가 좋은 묘책을 떠올렸는데, 바로 과외비를 터무니없이 많이 올려서 아이들이 스스로 그만두도록 만드는 것이었다. 선생님은 당장 내 앞에서 학부모에게 전화를 걸었다.

"어머니, 다음 달부터 아이들이 많이 그만두고 몇 명 남지 않아서 개인 과외를 하고 싶어서요. 과외비를 할 수 없이 올려야 되겠어요."

통화하는 걸 들으니 그쪽에서 얼마냐고 묻는 모양이었다. 상대는 초등학교 저학년 아이의 엄마였다. 선생님은 당시 1인당 15만 원이었던 과외비를 40만 원으로 올려 제시했다. 그런데 오랜 통화 끝에 전화를 끊으면서 선생님이 내뱉은 말은 딱 한마디였다.

"미쳤어!"

무슨 일이냐 물었더니 40만 원을 내고 과외를 계속 시키겠다며 잘 부탁드린다고 했단다. 나 또한 많이 놀랐지만 어쩐지 그 엄마의 심정을 이해할 수 있을 것 같았다. 돈이 많아서가 아니라 자식 교육을 위해서 선생님이 높은 과외비를 요구해도 들어주지 않을 수 없었을 것이다. 과외 선생님은 과외를 그만두고 싶었지만 뜻대로 되지 않자 궁여지책으로 수강료를 올리려던 것이었는데 그 의도는 완전히 빗나갔다. 결국 마지못해 가르치는 선생님의 마음이 고스란히 드러나니 공부 효과를 기대할 수 없을 것이다. 물론 대부분 열정을 갖고 가르치는 분들이 더 많겠지만 그 광경을 목격한 나로서는 과외에 대한 부정적인 이미지를 벗어내기 어려웠다.

그렇다고 모든 사교육을 배제한다는 것은 아니다. 때론 사교육이 필요하다는 것을 안다. 필요할 때 물을 주면 흡수가 빠르다. 그러나 기초도 없이 마냥 놀기만 했던 재웅이는 지금 당장 학원이나 과외를 보낸다고 해도 학습 내용을 흡수할 수 없다는 결론에 이르렀다. 결국 아들을 제일 잘 아는 내가 가르쳐야 한다는 생각이 들었다. 초등학교 교과 과정이야 나도 배웠던 것이니 다시 복습하면 될 것이라는 생각에 서였다. 나부터 먼저 공부해서 가르치면 불가능한 일이 아닐 것 같았다. 아이들도 하는 공부를 어른인 내가 못하진 않을 것이라는 믿음이 생겼다.

직접 가르치기로 결심하자 마음이 급해졌다. 재웅이의 5학년 교과서를 훑어보니 생각보다 모르는 게 너무 많았다. 전과를 사서 공부하는 게 좋을 것 같아서 곧장 서점으로 달려갔다. 눈앞에 펼쳐진 수십 종의 문제집을 보니 정신이 혼미해졌다. 이렇게나 많은 문제집이 존재했다니! 선택지가 너무 많아서 책을 고를 수 없어 일단 서점 주인에게 문의했다.

"초등학교 5학년인데 제일 잘나가는 참고서와 문제집, 전과도 주세요."

사실 책값도 우리 형편에는 큰돈이었지만 학원비에 비하면 훨씬 저렴했기 때문에 책값에 모두 투자하기로 했다. 끙끙거리면서 양손 가득 책을 사서 집으로 돌아왔다. 상을 펴고 앉아 5학년 문제집의 학습 내용을 훑어보았다. 어릴 때 배웠던 익숙한 내용도 있었고 공부는 예나 지금이나 같은 맥락이었다. 어쩐지 자신감이 생겼다.

그러나 문제는 시간이었다. 생계를 책임지고 있으니 돈을 벌어야 하는데 도무지 시간을 뺄 수가 없었다. 어쩔 수 없이 지하철 안에서 공부를 시작했다. 당시 수원으로 영업을 하러 다녔기 때문에 2시간 가까이 지하철로 이동을 했는데, 지하철에서 초등학교 5학년 문제집을 꺼내들고 공부하기 시작하면 사람들이 힐끔힐끔 쳐다보곤 했다. 또 고객을 만나 설명하다가 제품 책자를 꺼낸다는 것이 5학년 문제집을 꺼내곤 했다.

"아니, 왜 초등학교 5학년 문제집을 가지고 다녀요?"

사람들은 신기한듯 물었지만 설마 아들을 가르치기 위해 공부한다고는 상상도 못했을 것이다. 때론 검정고시를 준비하냐고 묻기도 했고, 어릴 때 사정이 있어 공부하지 못한 한을 풀고 있는 거냐는 표정을 짓기도 했다. 그러다 아들의 공부를 직접 가르치기 위해 공부 중이라는 것을 알려주면 다들 깜짝 놀라면서 한결같은 반응을 보였다. 자기 자식 공부는 절대 직접 가르칠 수 없으니 관두라는 것이다. 또 아무리 초등학교 5학년이지만 수학은 생각보다 어려워서 아무나 가르칠 수 없다는 말도 보탰다. 어떤 분은 수학을 전공했는데도 아이들 가르치기 쉽지 않다고 조언하기도 했다.

물론 쉽지는 않을 것이다. 하지만 아이들도 배우고 익히는데 나라고 못할 것은 아니지 않은가. 내 생각은 흔들리지 않았다. 그리고 정말 열심히 공부했다. 나를 위한 공부였다면 많이 힘들었겠지만 재웅이가 더 이상 어리바리하다는 말을 듣지 않도록, 자신감을 가진 아이가 될 수 있도록, 공부를 잘할 수 있는 아이가 되도록 하기 위한 노력이었기에 지치지 않았다. 나는 아무 곳에서나 시간만 나면 책을 꺼내들고 읽고 외우고 풀었다. 학교 다닐 때 이렇게 공부했다면 수재가 되었을 거라는 생각이 들어 웃음이 날 때도 있었다.

공부 고민에 빠져 맨홀에 빠져버렸다!

• • •

사실 머리 쓰는 공부보다 힘든 것은 가방의 무게였다. 가방이 너무 무거웠다. 제품 설명 책자만도 무거운데 문제집까지 넣고 다니니 어깨가 빠질 것 같았다. 공부 욕심에 문제집을 여러 권 들고 나오는 날엔 더 힘들었다. 차도 없고, 영업하러 다니니 돌아다닐 곳은 많고, 지하철의 계단은 너무 많고 높았다. 지병인 허리 통증이 도졌지만 병원에 갈 엄두도 못내고 꾹 참았다. 오직 재웅이 공부가 1순위였고 나머지는 그다음 일이었다.

나에게는 장점이 하나 있는데 집념이 아주 강하다는 것이다. 이 시절에는 길을 걸으면서도 오로지 공부 생각에 빠져 있었고 보란듯이 꼭 해내고야 말 것이라는 강한 승부욕만 있었다. 앞도 옆도 보지 않고 공부 생각만 하며 다녔다. 그러다가 열려 있는 맨홀 뚜껑을 잘못 밟아 추락하는 일도 있었다. 떨어지면서 주변의 쇳덩어리가 온몸을 강타했고, 바닥은 무릎까지 물이 차 있었다. 너무 놀라서 심장이 잠시 멈

쳤다가 다시 뛰는 것 같았다. 정말 끔찍한 느낌이었다. 그나마 물이 무릎 정도 높이에 그쳤기에 망정이지 꽉 차 있었다면 꼼짝없이 익사할 뻔했다. 정신을 차리고 있는 힘껏 소리쳐 구조 요청을 했다. 다행히 식당 앞에 있던 맨홀이라서 사람들이 나와 나를 꺼내 올려줬다. 옷은 온통 흙탕물로 젖었고 온몸에 파랗고 빨간 핏줄이 올라왔다. 그 순간에는 아픈 것도 아픈 것이지만 이렇게 황당한 일을 당했다는 것이 너무나 당황스러웠고, 무엇보다 슬펐던 것은 한 벌밖에 없던 외출복이 찢어진 것이었다.

이렇게 많은 사건을 불러왔지만 공부는 하면 할수록 재미있었다. 때론 풀리지 않는 문제 때문에 머리가 아파오기도 했지만 수십 년이 지난 지금 초등학교 공부를 다시 하면서 새롭게 지식을 얻기도 했다. 특히 사회 과목에서 외울 것이 정말 많았는데, 초등학생들이 이 많은 것을 전부 외울 수 있을까 의문이 들 정도였다. 단군신화, 고조선, 삼국의 역사, 연표, 역대 왕과 각종 역사적 사건들, 도시 이름과 각 도시의 특산물, 강과 지역의 기후……. 역사, 문화, 정치, 사회를 아우르는 다양한 영역을 모두 다뤘기 때문에 일단 무조건 읽고 외우기를 반복했다.

그러나 다른 과목들은 단순히 암기만으로 해결할 수 없었다. 예상대로 수학이 가장 문제였다. 기본 개념부터 익혀야 했는데 개념 이해가 안 되면 그 다음으로 넘어갈 수가 없었다. 주관식 문제를 어떻게 풀어야 하는지, 도대체 어떤 답을 요구하는지를 몰라서 문제가 익숙해질 때까지 반복해 풀고 또 풀었다. 그렇게 여러 번 반복해서 풀고 나면 처음엔 어렵다고 느꼈던 문제가 의외로 참 쉽고 간단하게 느껴지곤 했다.

모든 과목을 반드시 10번 이상 반복적으로 학습했다. 기왕에 아이를 가르치려면 내가 완벽하게 알고 이해하고 있어야 선생님으로서 믿음을 줄 수 있다고 생각한 것이다. 나부터 재미있게 공부하면 이 마음까지도 전수해줄 수 있을 것이다. 어릴 때부터 입버릇처럼 말하던 '5학년 때부터 잘하게 될 거야'를 실현하게 되리라는 자신감이 생겼다. 나는 정말 잘 가르칠 수 있을 것 같았다.

제발 책상 앞에 앉아 있기만 해다오

● ● ●

재웅이를 가르칠 준비가 끝났다고 생각했을 때, 아이를 불러 앉혔다.

"재웅아 이리 와봐. 오늘부터 엄마랑 같이 공부하자. 엄마가 낮에는 바쁘니까 저녁에 집에 와서 같이 공부하는 거야. 알았지?"

태어나 한 번도 공부라는 걸 제대로 해본 적이 없어서 그런지 재웅이는 별다른 거부감 없이 얌전히 앉았다. 첫날 수업은 국어책 읽기였다.

"교과서를 읽어보자. 엄마가 읽어보니까 국어책이 정말 재미있더라고. 자, 한번 읽어보자."

재웅이는 엄마를 따라 눈동자를 굴리며 천천히 국어책을 읽기 시작했다. 그런데 몇 글자 읽지도 않았는데 갑자기 물을 달라고 한다.

"응, 물 줄게. 잠깐만 기다려."

물을 마시고 다시 읽기 시작해서 몇 줄 내려가지 않은 것 같은데 다시 재웅이의 목소리가 들려왔다.

"엄마, 나 배고파."

"응, 그래 엄마가 먹을 것 갖다 줄게. 먹고 하자."

간식을 배부르게 먹고 이제 본격적으로 시작하려고 다시 자리를 잡았다. 그러나 또 들려오는 목소리.

"엄마, 나 화장실."

"응, 화장실 다녀와."

시원하게 볼일을 보고 온 재웅이가 방으로 돌아왔다.

"재웅아, 다시 한 번 읽어보자. 국어책은……."

"엄마! 나 졸리는데 잠깐만."

재웅이는 바닥에 드러눕더니 일어나지 않았다.

"그래, 재웅아. 그럼 내일 하자."

"응, 엄마 내일 해."

첫날은 그렇게 교과서를 펼치는 것에 만족해야 했다. 다음 날 공부 시간이 다가왔다.

"재웅아, 공부하자. 이리 와봐."

어제와 달리 재웅이는 바로 달려오지 않았다.

"응, 엄마 잠깐만 나 이거 하고 나서."

"재웅아, 다 했으면 이제 와."

꾸물거리며 다가오는 재웅이를 옆에 앉히고 다시 교과서를 펼쳐들었다.

"어제 읽던 거 마저 읽어보자."

묵묵부답이었다.

"그럼 들어봐. 엄마가 읽어볼게."

그러나 내가 소리 내어 몇 줄 읽어내리지 않았는데 약간 지친 듯한 목소리가 들려왔다.

"엄마 나 잠깐만 쉴래."

"응, 알았어."

또다시 한참이 지난 후 재웅이를 불렀다.

"재웅아, 이제 좀 쉬었으니 다시 엄마랑 같이 공부하자."

재웅이는 찡그린 얼굴로 다가왔다.

"엄마…… 나 진짜로 싫은데……."

나름대로 싫은 티를 냈는데도 엄마가 포기할 줄 모르니 직설적으로 나오기로 한 모양이었다.

"아냐 재웅아, 공부 정말 재미있어. 엄마가 해보니까 정말로 재미있어. 너는 듣기만 해. 엄마가 읽어줄게. 잘 들어보자, 응?"

내 간곡한 부탁에 할 수 없다는 표정을 지으며 앉은 재웅이는 잠시 듣는 척하면서 얌전히 앉아 있었다. 그러나 곧 어제 많이 듣던 말이 흘러나오기 시작했다. '엄마, 나 물' '엄마, 나 배고파' 결국 나는 읽던 책을 내려두고 간식을 가지러 일어났다.

"그래, 배고프면 먹고 해야지."

미리 사다둔 간식을 먹는 동안 나는 어제와 달리 옆에서 국어 교과서를 읽어나갔다. 예상한 대로 재웅이 귀에는 들리지 않는 듯했다. 엄마의 목소리보다는 간식 먹는 데에 집중하고 있을 뿐이었다. 그 모습을 보고 나는 바로 국어 교과서를 덮었다. 그리고는 교과서 속의 내용들을 동화 속 이야기 들려주듯이 말하기 시작했다. 교과서를 읽을 때는 신경도 안 쓰더니, 이야기를 들려주듯 말하기 시작하자 재웅이는 미세하게나마 반응을 보였다. 물론 적극적으로 듣는 모습은 아니었지만 말이다.

그렇게 딴청 피우는 아이를 곁에 앉혀두고 매일 이야기를 들려주었다. 일단 책상 앞에 앉혀두고 움직이지 않는 습관을 길러주기 위해 듣지 않아도 아이와 함께 매시간 공부 이야기를 했다. 시간이 지나 어느 정도 국어 공부를 익숙하게 느끼도록 하고 나니 난감한 문제에 부딪쳤다. 국어 과목은 어떻게든 옆에서 읽어주며 듣게라도 할 수 있었지만 수학은 그런 방법이 통하지 않았다.

수학을 어떻게 가르쳐야 할까? 너무 어려운 것 아닐까? 재웅이처럼 기초가 없는 상태에서 섣불리 덤벼들었다간 초반부터 흥미를 잃을 것 같았다. 이미 5학년이 되었지만 이전 학년의 교과 과정으로 개념부터 익히게 해야겠다는 생각이 들었다. 그러나 국어가 아닌 수학을 가르치려 하니 재웅이의 거부 반응은 한층 심해졌다. 그나마 엄마 앞이라서 지키려고 했던 예의도 더 이상 갖추지 않으려는 것 같았다. 얌전히 말로 부탁하고 물 달라고, 밥 달라고 하는 핑계 대신 방바닥을 굴러다니기 시작했다. 절대로 안 한다는 것이다. 모른다고 싫다며 발을 굴러댔다. 보다 못한 남편이 들어와 책을 집어 던지기 시작했다.

"공부하기 싫은 애한데 왜 억지로 가르치려고 그래! 재웅이는 공부할 애가 아니야!"

남편이 재웅이보다 더 큰소리로 버럭 소리를 지르기 시작했다.

"지금 애 행동이 공부한다고 될 것 같아? 쓸데없는 짓 하지 마!"

아빠의 그런 모습을 처음 보는 재웅이는 하얗게 질려 잔뜩 겁을 먹고 고개를 떨구고 있었다. 나는 조용히 던져진 책들을 주워 모아 다시 상 위에 펼쳤다.

"재웅아, 다시 한 번 해보자. 너는 잘할 수 있어. 하면 돼. 엄마랑 같이 해보자."

남편이 옆에서 씩씩거리며 화를 내는 가운데 재웅이와 나는 다시 공부를 시작했다. 분위기를 파악한 재웅이가 조금 앉아서 버티기 시작했다. 이 정도의 노력도 없이 어떻게 아이가 공부를 잘하기를 바랄 수 있단 말인가. 이렇게 된 것은 재웅이 잘못이 아니라 전적으로 부모 탓이다. 이렇게까지 아이를 방치해놓고 이제 와서 아이를 탓할 수는 없는 노릇이었다. 남편의 행동이 너무 서운해서 순간 눈물이 났다. 그러면서 결심은 더 단단해졌다. 반드시 참고 인내하겠다고. 훌륭한 인물들에게는 모두 훌륭한 어머니가 있듯이, 재웅이를 잘 가르쳐서 반드시 공부를 잘할 수 있는 아이로 키우겠다고.

지성이면 감천이라고, 재웅이는 느리지만 조금씩 공부하는 습관을 들여갔다.

난생 처음 공부 욕심을 갖게 되다

"있잖아요. 시골에 중학교 3학년인 우리 조카가 있는데요. 어느 고등학교 교장 선생님이 500만 원을 들고 와서 그 조카를 자기네 고등학교로 진학시키라고 했대요. 그래서 500만 원 받고 그 학교로 진학하기로 했대요."

순간 귀가 번쩍 띄었다. 사무실 동료가 들려준 장학금 이야기는 나도 어디선가 들어본 적이 있었다. 간호사로 일하던 시절, 사무장의 처제가 예비고사 전국 50등 안에 들자 어느 대학의 총장이 직접 찾아와 우리 대학교에 처제를 보내주면 장학금과 유학비 모두 다 지원하겠다고 했다는 이야기가 불현듯 떠올랐다. 공부를 잘하면 공짜로 학교에 다닐 수도 있다고 해서 무척 부러워했었다. 하지만 장학금이란 대학에만 해당된다고 생각했는데 고등학교 진학을 위해 500만 원이나 지원하다니, 정말 놀라운 일이었다. 나중에 들은 얘기지만 그 학교는 동문회에서 6명의 장학생을 뽑아 명문대에 갈 수 있도록 지원하는데 그

프로젝트의 일환으로 장학금이 지급됐다고 한다.

"재웅아, 오늘 엄마가 깜짝 놀랄 만한 이야기를 들었어. 글쎄 공부만 잘하면 돈을 받으면서 공부할 수 있대. 어떤 형이 중학교 3학년인데 공부를 너무 잘하니까 고등학교 교장선생님이 500만 원을 지원할 테니까 와 달라고 부탁했대. 대박이지?"

별 생각없이 밥을 먹던 재웅이 표정이 갑자기 확 달라졌다.

"엄마 그게 정말이야? 공부만 잘하면 돈을 받을 수 있어? 공부도 잘하고 돈도 받고, 그 형 정말 좋겠다."

"그치? 재웅이도 그 형처럼 되면 참 좋겠다. 너도 중학교 3학년만 되면 그 형처럼 될 거야. 누군가 돈 가지고 와서 재웅이 모셔갈지 누가 알아? 안 그래?"

"나 진짜 공부 열심히 해야겠다."

내가 굳이 이런 얘기를 한 것은 동기 부여를 위해서였다. 공부를 열심히 해야겠다는 막연한 생각만으로는 충분한 동력이 되지 못할 것 같아서 일부러 장학금 이야기를 꺼낸 것이다. 재웅이에게 장학금 이야기는 충분한 동기 부여가 되었던 것 같다. 아이들마다 느끼는 동기는 모두 다르겠지만 가난을 몸소 겪은 재웅이로서는 공부를 잘하면 돈도 받을 수 있다는 사실이 꽤 큰 힘이 된 것이다. 장학금을 받고 고등학교에 진학한 형의 이야기는 재웅이가 난생 처음으로 '공부를 잘해야겠다'는 다짐을 하게 만든 첫 동기가 되었다.

아이는 아주 조금씩 달라지고 있었다. 나는 단 한 번도 재웅이에게 화를 내거나 혼을 내지 않았다. 인내심을 가지고 기다렸다. 공부에 대한 개념을 이해하고, 공부가 무엇인지, 왜 해야 하는지를 먼저 인식하는 것이 중요했다. 무턱대고 공부하라고 종용하는 것은 걷지도 못하는 아이에게 왜 빨리 걷지 못하냐고 다그치는 것과 같았다. 나는 묵묵히 공부에 대한 많은 사례들을 듣고 기억하거나 적어놓았다가 밥이나 간식을 먹을 때 지나가는 말을 하듯 슬쩍 들려주곤 했다. 그런 순간들이 쌓여 나름 공부에 대한 목적이 생긴듯 했고, 공부에 큰 거부감 없이 자연스럽게 적응해가기 시작했다.

엄마, 컨닝이 뭐예요?

5학년 2학기에 들어서고 있었다. 본격적으로 계획과 목표를 가지고 공부할 때였다. 내가 먼저 교과 과정을 익힌 뒤 재웅이 공부 습관을 들이느라고 1학기를 다 보내버렸으니, 본격적인 공부는 지금부터였다. 우선 계획을 세웠다. 공부 시간은 하루 2시간. 퇴근 후 저녁 8시부터 10시까지가 우리의 공부 시간이었다. 아직도 재웅이는 밥 달라, 물 달라는 딴청을 계속 피우고 있었지만 나름대로 잘 따라와 주었다.

그리고 드디어 중간고사가 다가왔다. 나는 깊이 고민하다가 도화지를 사들고 돌아와 이번 중간고사에서 몇 등을 하고 싶은지 쓰라고 했다. 재웅이는 그 말을 듣자마자 자신이 없어서 쓰고 싶지 않다며 내뺐다. 그래도 목표를 갖는 것이 중요하니까 일단 써보라고 했지만 계속 머뭇거리기만 했다. 나는 결국 억지로 손에 매직을 쥐어주며 5등이라고 쓰게 했다. 엄마의 간곡한 부탁과 고집에 꾸역꾸역 '중간고사에서 5등을 하겠다'고 큼직하게 써내려갔다. 싫은 것을 시켜서 화가 났는지 굉장히 크게 썼다. 나는 그 종이를 잘 보이도록 벽에 붙였다. 그리고 하루에 두 번 큰 소리로 읽자고 제안했다. 재웅이는 영 어색해서 그것만은 못하겠다며 거부했지만 너무 잘 보이는 곳에 붙여놓았기 때문에 매일 눈으로 보는 것은 피할 수가 없었다. 나중에는 엄마의 제안을 받아들여 두 모자가 함께 하루에 두 번씩 큰 소리로 확신을 담아 목표를 읽었다.

드디어 시험 날이다.

재웅이를 학교에 보낸 이래 나는 처음으로 시험 때문에 긴장이라는 걸 했다. 재웅이도 시험을 잘 치러야 된다는 다짐을 갖고 치르는 첫 시험이었다. 이것은 곧 시험에 대한 개념이 생기는 첫 번째 경험이었다. 그동안 공부한 것에 대해 허탈감을 느끼지 않도록 꼭 꼴찌 대열에서 벗어나게 해달라고 간절히 기도했다. 너무 간절하게 기도를 해서 한겨울 수능 시험을 치르는 자녀를 위해 교문을 붙잡고 기도하는 엄마가 된 것 같았다. 아이가 시험을 치른다고 이렇게 애가 타도록 간절한 마음이 생기다니……. 내게도 첫 경험이었다.

긴장되는 시간이 느리게 지나가고 드디어 재웅이가 집에 돌아왔다. 다행히 표정이 아주 밝았다.

"재웅아 수고했어! 시험 치르느라 힘들었지? 어땠어?"

나는 밝게 마주 웃으며 물었다.

"엄마! 엄마! 나 진짜 잘 친 것 같아! 오늘 첫 번째 시간에 국어시험 쳤잖아. 두 번째 수학 시험을 치는데 선생님이 앞에서 국어 시험지를 채점하고 있어서 애들이 우리 반에 100점 있냐고 물었거든. 그랬더니 한 명 있다는 거야. 그것도 남자! 의외의 인물이라고 했어! 근데 그게 누구게? 그 의외의 인물이 바로 나야, 나!"

"뭐? 뭐라고? 재웅이가 국어 100점을 맞았어?"

나는 정말 깜짝 놀랐다. 공부를 시작한 이래 첫 시험에서 재웅이가 반에서 혼자 100점을 받아온 것이다. 정말 기적 같은 일이었다. 와락 아이를 껴안으니 나도 모르게 눈물이 쏟아졌다.

"정말 잘했다, 우리 아들!"

재웅이가 내 품에서 빠져 나오더니 더 할 말이 남았다는 표정으로 말했다.

"그런데 웃기는 일이 있었어."

"무슨 일?"

"애들이 나보고 컨닝했냐고 하잖아. 엄마 컨닝이 뭔지 알아? 내가 컨닝이 뭔지 몰라서 물었더니 컨닝이라는 게 다른 애들 꺼 보고 답을 베껴서 쓰는 거래."

혹시나 아이가 상처받은 것은 아닐까 순간 철렁했다. 늘 꼴찌였던 아들이 갑자기 100점을 받았으니 친구들이 의아해서 오해했을 수도 있겠구나 싶었다.

"그래서 뭐라고 했어?"

"내가 제일 잘했는데 누구 꺼를 베꼈겠어? 이렇게 말했지. 그러니까 애들이 아무 말도 못하고 가만히 있었어. 나 잘했지 엄마?"

재웅이는 그 말을 하면서 신나게 웃었다.

"맞아, 맞아, 우리 재웅이 말 정말 잘했다."

나는 맞장구를 쳐주면서 속으로 생각했다. 5학년인 재웅이가 컨닝이 무슨 뜻인지도 모를 정도로 공부나 시험에 전혀 관심이 없었다는 사실을 새삼 깨달은 것이다. 어떤 점수를 받아와도 단 한 번도 혼낸 적이 없으니 컨닝을 할 필요가 없어서였을 것이다. 예전에 재웅이가 오늘 시험 쳤다며 달려왔을 때 이런 말을 했었다.

"엄마, 내 짝꿍도 나랑 똑같이 60점 맞았는데 아까 이상한 소리를 하는 거야."

"뭐랬는데?"

"내일 우리 살아서 돌아오자고 하는 거야. 그런데 걔 왜 그런 말을 해?"

나는 웃음이 나는 것을 참으며 대답했다.

"그 친구는 60점을 맞으면 엄마한테 혼나나봐."

"60점이면 엄청 잘했는데 왜 혼나?"

재웅이는 정말 궁금하다는 표정이었다.

돈이 있어야 공부를 잘할 수 있는 것은 아니다

이튿날 학교에서 돌아온 재웅이는 기분이 무척 좋은지 온 집안을 방방 뛰어다녔다. 아이들과 시험 점수를 맞춰봤는데 자신이 5등을 했다는 것이다. 시험 날짜는커녕 누가 공부를 잘하는지, 못하는지도 전혀 관심이 없던 녀석이 자기 반 1등부터 5등까지의 이름을 막힘없이 줄줄 읊었다.

"엄마 1등은 OO인데 점수가 몇 점이고, 2등은 몇 점, 3등은…… 그리고 5등이 바로 나야!"

나도 재웅이와 함께 온 집안을 방방 뛰어다녔다. 그러면서 전에 붙여두었던 목표를 바라보았다.

"재웅아, 우리 저기 붙인 저 목표 괜히 5등이라고 쓴 거 같아. 1등이라고 썼으면 1등 했을 것 같지 않아? 우리 목표 다시 쓰자!"

다음 목표가 정해졌다. '두 번째 시험 때는 반에서 1등!'이라는 목표를 적었다. 이번에는 재웅이도 적극적으로, 예쁘게 잘 적었다.

재웅이와 나의 공부는 계속되었다. 중간고사 이후 재웅이의 태도는 사뭇 달라졌다. 설명도 제법 잘 듣고 공부에 열중했다. 물이나 밥을 달라는 투정도 훨씬 줄었다. 첫 목표가 이루어진 것에 스스로 놀라면서도 할 수 있다는 자신감이 붙은 것이다. 그러나 우리는 무리하지 않았고, 조급해하지도 않았다. 계획대로 하루도 빠지지 않고 꼬박꼬박 천천히 공부해나갔다. 반복 학습을 위주로 하되 단원의 개념을 모르면 다음으로 넘어가지 않았다. 몇 날 며칠이고 다시 했다.

완전히 이해할 때까지 처음부터 계속 반복하니 재웅이는 아는 것을 자꾸 한다고 싫어했지만 여러 각도로 바꾸어 질문을 해보고 열 가지 중 한 가지를 대답하지 못하면 처음부터 다시 하기를 반복했다. 그러니 재웅이는 다시 반복하지 않으려고 처음 들을 때 집중해서 잘 듣고 틀리지 않으려 노력했다.

어느새 기말고사가 다가오고 있었다. 목표는 반에서 1등 하는 것인데 원래 1, 2등 하는 아이들이 워낙에 공부를 잘하기로 소문이 나 있었다. 재웅이도 전과 다르게 욕심을 냈다. 다가오는 시험에 긴장하는 눈치였다. 변해가는 모습을 보니 흐뭇하고 자랑스러웠다. 재웅이가 공부에 관심을 보이니 덩달아 신이 났다. 나도 이제 열정 있는 학부모 대열에 끼는 것일까? 이번에도 나는 재웅이가 시험을 잘 치를 수 있도록 간절히 기도했다.

시험 보는 날에는 가슴이 두근거려 일이 손에 잡히지 않았다. 출근했다가 집으로 빨리 돌아와 재웅이를 기다렸다. 재웅이는 학교가 끝나자마자 숨을 헐떡이며 달려왔다. 엄마한테 빨리 자랑하고 싶었던 것이다. 숨을 토해내듯 평균 90점이 넘었다고 외쳤다. 애들하고 맞춰보니 반에서 3등을 했단다. 정말 비약적인 발전이었다.

"재웅아, 정말 잘했다! 잘했어! 네가 해낼 줄 알았어! 앞으로 더 잘하게 될 거야, 재웅아. 시험도 이렇게 잘 봤는데 엄마가 선물해줘야지! 뭐 갖고 싶어?"

재웅이는 점수를 말할 때보다 더 기쁜 표정을 지었다.

"나 그럼 옷 사줘!"

늘 남의 옷을 얻어 입혔으니 새 옷이 입고 싶었던 모양이었다.

"그래! 가자!"

매장에 가서 옷을 고르며 저렴한 옷을 두 개 사주려고 했더니 재웅이가 고개를 저었다. 하나만 입을 테니 본인이 원하는 것을 사달라는 것이다. 가격이 꽤 되는 옷이었는데 평소 무척 입고 싶었나보다.

"그래! 사줄게!"

돌아오는 길에 재웅이는 너무 신나고 즐거워했다. 힘들게 공부를 하고 나니 결과에 맞는 대가가 따른다는 것이 재웅이를 자극했다. 이제 재웅이는 공부하는 자세부터 달라졌다. 약속한 공부 시간이 되면 책을 펴고 먼저 앉아 있었다. 학교에서도 달라진 것이 있다. 새로운 친구들이 더 생긴 것이다. 반에서 1,2등 하던 아이들이 시험지를 가지고 와서 재웅이에게 묻고, 점수를 비교하며 자연스레 친해진 것이다.

'하늘같이 우러러 보던 공부 잘하는 아이들'과 조금씩 어울리며, 노는 것 말고 학교 일에도 관심을 가졌고 아이들과 나눴던 공부 이야기를 집에 와서 전하곤 했다. 4학년 때 어리바리 바보라고 놀림을 받던 재웅이는 5학년 2학기 기말고사를 치른 뒤 우등생으로 변해 있었다. 빨리 돈을 벌어 생활을 안정시켜서 아이들 고생 안 시키겠다고 열심히 살았지만, 재웅이를 가르치기 시작하면서 새삼 깨달음을 얻었다. 공부란 꼭 돈이 있어야 잘할 수 있는 것이 아니라는 것. 아이들의 시간은 내가 돈을 다 벌 때까지 절대 기다려주지 않는다는 것. 공부는 때가 있고 기회가 있을 때 해야 된다는 것. 집안 형편부터 펴보려고 몸부림 쳤지만 그렇게 계속 생계만을 위해 살았다면 재웅이는 여전히 바보라고 놀림받았을 것이다. 어느 순간부터 나는 일보다 재웅이를 가르치는 일에 더욱 집중하기 시작했다.

재웅이가 6학년이 되니, 나 역시 6학년 공부를 다시 해야 했다. 엄마를 훌륭한 선생님이라 굳게 믿고 따르는 재웅이를 봐서라도 완벽하게 공부하지 않을 수 없었다. 재웅이가 무슨 질문을 해도 바로 대답할 수 있어야 실력 있는 선생님이라 하지 않겠는가? 어떻게 하면 재웅이에게 쉽게 가르쳐줄 수 있을까? 연구하고 또 연구했다. 모르는 수학 문제를 만나면 밤을 새워서라도 풀어냈다.

나를 쫓아냈던 할머니가 이제 집에 놀러 오래!

● ● ●

집안 사정은 점점 더 나빠졌지만 성적이 쑥쑥 오르는 재웅이가 내게 힘을 주었다. '언젠가 잘 풀리겠지……' 하는 생각으로 마음을 편히 갖기로 했다. 하지만 아무래도 돈벌이에 소홀하다 보니 월세가 밀렸다. 집주인의 독촉은 계속됐고, 결국 집을 나가라는 통보를 받았다.

혼자 해결하려고 했는데 역부족이었다. 할 수 없이 친정에 알렸다. 오빠의 도움으로 겨우 보증금을 마련해 이사를 했다. 그래도 급할 때는 부모, 형제들밖에 없다는 생각이 들었다. 이사하고 집을 정리하는 데 인부 중 한 명이 조심스레 어떻게 이런 집에서 살 것이냐고, 걱정이 된다고 했다. 나는 묵묵히 짐을 정리하면서 생각했다. 아무것도 없이 길거리에 나앉을 뻔했는데, 이 집이 있어 얼마나 감사한지 모른다고 안도했는데 또 누군가의 눈에는 다르게 보이는구나……. 각자가 처한 상황에서 세상은 그리도 달라 보인다.

갑작스레 쫓겨나고 이사를 하는 어수선한 와중에도 나와 재웅이의 공부는 한 번도 빼먹지 않고 계속됐다. 6학년이 된 재웅이는 마음을 다시 한 번 다잡았다. 초등학교 마지막 1년을 잘 보내야만 중학교 과정을 잘할 수 있을 것 같았다. 다른 애들은 벌써 6학년 공부를 마치고 중학교 과정을 선행 학습한다는 이야기를 들었지만 재웅이에게는 꿈같은 이야기였다. 어떻게 하면 재웅이가 지속적으로 공부에 흥미를 잃지 않고 잘 해낼 수 있을까를 먼저 고민했다.

그러다 생각해낸 묘안이 바로 '칭찬 릴레이'였다. 당장 주위에 아는 분들부터 시작했다. 교회 교인들과 이웃 모두에게 부탁했다. 재웅이가 공부를 이렇게 못하다가 열심히 노력해서 지금은 공부를 무척 잘하게 되었으니, 지나가다 재웅이를 보면 칭찬의 한마디를 꼭 해주십사 부탁했다. 많은 분들이 진심으로 기뻐해주고 축하해주면서 길에서 재웅이를 만나면 '훌륭하다, 대단하다' 격려해주셨다. 밥을 사주신 분도 있고 용돈을 주시는 분도 있었다.

친척, 할머니, 이모, 외삼촌에게도 전화를 해서 부탁했다. 재웅이에게 잘하고 있다며 칭찬을 해주라고 말이다. 그리고 이 모든 것은 재웅이가 모르게 했다. 재웅이는 갑자기 모든 사람들에게서 날마다 칭찬을 들으니 신이 나기 시작했는지 공부를 더 열심히 하려고 노력했다.

이제 재웅이는 동네에서 공부를 잘하는 아이로 소문이 나기 시작했다. 그리던 어느 날 흥분한 재웅이가 뛰어 들어오며 말했다. 예전에 재웅이가 공부를 못한다고 쫓아낸 친구 할머니와 길 가다가 만났다는 것이다.

"엄마 말대로 그때 나 쫓아냈던 할머니가 집에 놀러 오라고 하셨어!"

할머니에게 예상치 못한 초대를 받고 집으로 뛰어 들어온 재웅이는 너무 좋아서 그 말을 하며 방방 뛰어다녔다.

"거봐, 재웅아 그때 엄마가 말한 대로지? 할머니가 나중에 후회하실 거라고 했잖아!"

그 순간 나와 재웅이의 마음 속에 강한 동기가 생긴 것이다. 이후 재웅이는 자발적으로 공부에 열정을 쏟기 시작했다. 공부를 잘한다는 게 어떤 것인지 스스로 알게 된 것이다.

수백만 원짜리 과외로도 보장받지 못할 '성취감'

• • •

어느 날 재웅이가 가정통신문을 가져왔다. 인천시에서 꿈, 보람, 만족에 대한 글짓기 대회가 열린다는 내용이었다. 자녀 부문과 부모 부문으로 응시할 수 있었다. 나는 재웅이에게 우리 둘이 공부한 것을 한 번 써보자고 했다. 내가 이 대회에 글을 내기로 결심한 것은 우리가 흔히 말하는 강남권의 어느 고객 집에서 사교육으로 얼마나 큰돈을 쓰고 있는지를 경험했기 때문이다. 나는 그 이야기와 더불어 우리의 이야기를 쓰고 싶었다.

고객의 집을 방문했을 때 문 앞에서 어린아이들이 고개를 숙이고 야단을 맞고 있었다. 아이들의 엄마는 현관에서 멀찌감치 떨어진 곳에서 좋지 않은 표정으로 그 광경을 보고 있었다. 이 가족은 인천에서 살다가 교육을 위해 강남으로 이사온 지 1년도 안 된 상태였다. 보는 내가 민망하고 어이가 없어서 저 사람은 대체 누군데 남의 집 아이들을 혼내고 있느냐고 물었다.

"진짜 좀 그렇죠? 아이들 독서 선생님이에요."

"아니, 독서 선생님도 있어요?"

아이들은 일곱 살과 아홉 살이었던 걸로 기억한다. 독서 과외라니 처음 들어보는 과외였다. 그 선생님은 실력이 대단하다고 소문이 자자해서 자존심이 보통이 아니라고 했다. 일주일에 한 번 와서 두 아이에게 책을 읽게 하고 독후감을 봐준다는 것인데 지금 생각하니 논술 선생님 정도 되었던 것 같다.

"그런데 꼭 저 선생님한테 배워야 하나요? 책을 읽어주신다면 지적이고 아이들 감성을 잘 알 텐데…… 엄마가 보는 앞에서, 게다가 손님이 보는 앞에서 저렇게 심하게 혼을 내다니 이건 좀 아닌 것 같아요."

"저도 그런 생각이 들어요."

"그런데 애들이 대체 뭘 잘못했나요?"

"선생님이 나가시는데 인사를 똑바로 안 했다고 혼나는 거예요."

정말 황당했다. 그런 이유라면 저런 식이 아니라도 얼마든지 부드럽게 다시 알려주면 되는 것이다.

"그런데 독서 과외는 한 달에 얼마예요?"

당시 재웅이를 직접 가르치려고 준비하던 나로서는 궁금하지 않을 수 없었다.

"저요, 진짜 이 동네 이사 와서 놀랐어요. 그런데 다 그렇게 주어야 한대요."

"대체 얼만데요?"

"그 얘기하면 분명히 나 욕할 거예요. 말 안 할래요."

이쯤 되니 점점 더 궁금해지기 시작했다. 끈질기게 물었더니 씁쓸한 표정으로 다른 곳에 가서는 말하지 말라며 신신당부를 했다. 나는 침을 꿀떡 삼키며 그러겠노라고 약속했다.

"170만 원이요."

"170만 원이요? 독서 과외비가요?"

나도 모르게 눈이 휘둥그레졌다. 내가 너무 놀라자 그 고객은 말한 걸 심히 후회하는 얼굴이었다.

"거봐요. 놀란다고 했잖아요. 근데 다들 그렇게 한대요. 우리 애들만 안 시킬 수도 없고…… ."

나는 놀란 가슴을 진정시키려 했지만 머리가 복잡했다. 독서 과외비가 170만 원이면 다른 과목은 대체 얼마라는 것인가! 하지만 아무리 강남이라 해도 조금 심한 것은 사실이었다.

"그런데 170만 원을 주고도 저렇게 아이들이 혼나다니…… 나 같으면 독서 과외 안 해요."

그 엄마도 선생님이 지나치게 애들을 혼낸 것이 분했는지 조금 뒤에 바로 전화를 걸어 다음 주부터 과외를 안 할 테니 돈을 환불해달라고 요구했다. 내 속이 다 후련했다. 그런데 조금 있으려니 수학을 가르치는 또 다른 과외 선생님이 현관으로 들어왔다. 나는 또다시 입을 다물지 못했다.

'사교육비 천만 원 시대라더니 바로 이런 세상이었구나.'

그런 일들을 겪고 나니 내 아이를 내 손으로 가르쳐 성적을 올린 게 스스로 너무 자랑스러웠다. 그 경험들을 떠올리며 우리가 공부했던 과정을 써내려갔다. 재웅이는 그 글로 우수상을, 나는 장려상을 받았다. 사실 수상 여부보다는 사교육비를 들이지 않고도 얼마든지 공부할 수 있다는 것을 많은 사람들에게 알리고 싶은 마음이 컸다.

어느덧 말도 많고 탈도 많았던 초등학교 6년을 모두 마쳤다. 재웅이는, 한글도 모른다는 어리바리 바보에서 우등생으로 변신해 초등학교를 마치게 된 것이다.

1등보다 중요한 건
아이의 자존감

재웅이가 드디어 중학교에 입학했다. 교복을 입혀놓으니 제법 의젓했다. 그러나 우리 가족은 중학교에 입학하기 전 심각한 고민에 빠져 있었다. 남학교에 가면 학교폭력이 심하다는 말을 자주 들었기 때문이다. 돈이나 교복, 가방 등을 빼앗기고 폭력에 시달린다는둥 무서운 말들이 많았다. 딸아이를 중학교에 보낸 적이 있으니 이번이 두 번째였지만 어쩐지 남자아이는 그런 부분이 더 염려되었다. 엄마들끼리 이런저런 이야기하는 것을 듣다 보니 덜컥 겁이 나기도 했다. 그래서 차라리 남녀공학에 가면 여자아이들과 함께 있으니 좀 낫지 않을까 하는 마음으로 배정 희망 1순위에 남녀공학 학교를 써넣었다. 마음을 졸이며 기다렸는데 안타깝게도 재웅이는 남학교에 배정받게 되었다. 나는 크게 실망해서 기운이 쭉 빠졌다. 엄마들과 이야기했던 그런 일들이 일어나면 어쩌나 걱정이 되었다. 그러나 그건 나의 기우였다.

입학을 하고 보니 학생들은 대체로 온순한 아이들이었다. 선생님들도 오히려 남녀공학보다 사고가 없다고 부모들을 안심시켰다. 남자아이들끼리 더 잘 어울리며 단합도 잘 된다고 하셨다. 뒤늦게 알아보니 입시 정보를 잘 아는 엄마들은 일부러 남학교를 선택해서 보낸다고 한다. 시험 때나 수행평가를 할 때 남녀공학에서는 남자가 훨씬 불리하다는 것이다. 중·고등학교 때는 여자아이들이 훨씬 꼼꼼하고 성실해서 특히 수행평가는 따라잡을 수 없을 정도라고 한다.

중학생이 되자 재웅이는 공부를 더 열심히 하기 시작했다. 중학교에 들어와 많은 아이들이 선행 학습을 하고 왔다는 것을 알고 난 뒤그 차이를 좁히려는 노력이었다. 재웅이는 중학교에 가서도 초등학교시절 함께 공부한 것처럼 엄마랑 공부하기를 원했다. 그러나 문제는나였다. 생계를 책임져야 했으니 매일 일하러 나가 있으면 재웅이는학교에서 돌아오자마자 전화를 걸었다.

"엄마! 빨리 들어와! 공부해야지."

조금이라도 지체하면 전화벨이 쉴 새 없이 계속 울렸다. 같이 있던사람들은 그 성화를 지켜볼 때마다 놀라워했다.

"아니, 애가 공부하자고 그러는 거예요?"

"진짜 저런 애는 처음 봤어요."

재웅이는 공부에 재미를 붙였다. 꼴등만 하다가 공부를 잘하게 되니, 주변에서 재웅이를 대하는 태도가 달라졌고 그런 시선 속에서 자신의 존재감을 느꼈다. 이때부터 아이는 '공부하지 마'라는 소리를 제일 무서워하게 되었다. 부모가 방치해온 경험이 남아 있기 때문에 언제든 다시 그런 일을 겪을 수 있다는 것을 직감적으로 알았다. 나는 이런 모습을 보고 무릎을 쳤다. 아이들이 스스로 공부를 한다는 것은 이런 것이구나! 이런 동기로 시작하게 되는 것이구나!

'공부하라'는 잔소리가 아니라 공부하려는 마음을 만들어주면 되는 것이다. 이것이 바로 자기주도 학습을 위한 첫 단계라는 것을 깨달았다.

엄마! 제발 공부하게 해주세요!

이때부터 역할이 조금 바뀌었다. 재웅이가 인내하고 엄마인 내가 약간 배짱을 부리는 관계가 되어보기로 했다. 아들이 공부하려는 의지가 그 어느 때보다 강했기 때문에 조금만 더 강하게 이끌어가도 된다는 판단이 섰다. 아이에게 완벽한 자기주도적 마음가짐을 되새기게 하려고 한 가지 계획을 준비했다. 공부 시간을 안 지켰거나 잘못한 일이 있을 때 단단히 결심을 한 얼굴로 이렇게 말하는 것이다.

"재웅아, 공부하기 싫으면 안 해도 돼. 이제 공부 그만할까?"

사실 그런 말을 들을 정도로 잘못한 것이 아닌, 아주 사소한 일이었지만 나는 내심 기회를 잡아 이야기했다. 그러자 내 말이 떨어지기 무섭게 재웅이가 무릎을 꿇었다. 너무도 놀라고 당황한 표정으로 평소에는 쓰지도 않는 존댓말까지 튀어나왔다.

"엄마, 제가 잘못했어요. 공부하게 해주세요. 제가 공부할 수 있도록 밀어주세요."

남들이 들으면 거짓말이라고 믿지 않을 이야기지만 사실이다.

하루는 이런 일이 있었다. 그날도 친구가 놀러와 재웅이는 시간 가는 줄 모르고 밖에서 놀고 있다가 정해진 공부 시간을 놓치고 말았다. 공부 시간에 맞춰 일을 끝내고 돌아오는 길에 놀고 있던 재웅이와 마주쳤다. 나는 일부러 화를 내며 야단쳤다.

"재웅아! 이 시간에 여기 있으면 어떡해! 네가 공부 시간을 안 지켰으니 엄마는 다시 일하러 갈 거야!"

재웅이는 당황해서 어쩔 줄을 몰라 했다. 내가 뒤돌아 가려고 하니 급박한 목소리로 잘못을 빌기 시작했다.

"엄마 잘못했어요. 시간을 깜박 잊었어요. 공부 가르쳐주세요. 저를 한 번만 믿어주세요."

친구가 있는데도 재웅이는 울먹거리며 나의 옷깃을 잡아당기면서 사정을 했다. 그러다가 새로 산 지 얼마 되지 않은 겉옷이 찢겨져 나갔다. 벼르고 별러 하나 사 입었던 실크 옷이었다. 얇아서 재웅이의 힘에 견디지 못하고 찢긴 것이다. 재웅이에게 시간 관념을 가르쳐주기 위해 일부러 화를 낸 척한 것인데 귀한 옷이 찢겨나가니 우선 옷도 아깝고 속상했다. 에라, 모르겠다. 옷을 벗어 던지고는 "공부 안 해도 돼!"라는 말만 남기고 집으로 돌아와버렸다. 그런데 금방 따라 들어올 줄 알았던 재웅이가 오지 않는 것이다. 내가 너무 화를 내서 오히려 역효과가 난 것일까 걱정이 되기 시작했다.

'진짜로 공부를 안 하겠다고 하면 어쩌지…….'

공부하지 말라고 화를 냈는데 다시 공부하자고 사정할 수도 없는 일이 아닌가? 정말 그렇게 된다면 엄마 체면이 말이 아니었다. 몇 시간을 기다려도 나타나지 않기에 후회와 걱정만 더해갔다. 결국 날은 어두워졌고 그제서야 얼굴이 노랗게 물든 재웅이가 집에 돌아왔다. 기가 팍 죽어 있었다. 그 모습이 안쓰러워 화를 냈던 것도 잊고 걱정스럽게 물었다.

"재웅아, 어디 갔다 왔어?"

"친구랑 이 옷을 고칠 수 있는 세탁소랑 수선집을 찾아다니느라 늦었어요……."

그 말에 너무 놀라 온몸이 굳어 있는데 재웅이가 울먹이는 목소리로 말을 이었다.

"그런데 아무데서도 이 옷을 고치지 못한대……."

아…… 몇 시간 동안이나 찢어진 엄마 옷을 고쳐보겠다는 절박한 심정으로 온 동네를 헤매고 다닌 아이의 심정이 어땠을까. 고칠 수 없다는 말을 듣는 그 순간마다 얼마나 절망했을까. 아이가 마음고생했을 것을 생각하니 너무 안타깝기도 했지만, 한편으로는 순진한 아들 덕분에 웃음도 났다.

이런 식으로 재웅이의 마음을 테스트해보니 공부하겠다는 확실한 의지를 느낄 수 있었다. 공부 안 하겠다며 딴청을 피우고 종종 시간 약속을 어기던 모습도 사라졌다. 이제 본격적인 공부에 들어가기로 했다. 재웅이 말대로 부모로서 최대한 공부할 수 있도록 밀어주어야겠다는 생각이 들었다.

학교 성적표에 이렇게 적어 보낸 적이 있다.

'재웅이가 공부하고자 한다면 부모인 저희로서는 끝까지 최선을 다해 밀어주겠습니다.'

훗날 뵈었을 때 담임선생님은 이 글귀를 읽고 무척 당황하고 의아했다고 고백했다. '밀어주겠다는 뜻은 뭐지? 그럼 공부하고자 하지 않는다면 공부를 아예 안 시키겠다는 뜻인가?' 하고 생각했다는 것이다. 재웅이가 예전처럼 자신의 공부에 관심이 없어진 것이 아닐까 걱정이 되어 틈만 나면 "저를 밀어주세요, 믿어주세요"라는 말을 많이 해서 나 또한 밀어준다는 표현이 자연스레 나왔던 것이다.

중학교에 가서야 시작한 영어, 늦은 것이 아니다

중학생이 되고 얼마 지나지 않아 재웅이의 첫 중간고사가 다가왔다. 그런데 문제가 생겼다. 바로 영어다. 다른 과목은 문제집과 자습서, 교과서로 초등학교 때처럼 엄마랑 함께 공부하면 됐지만 영어가 문제였다. 초등학교 5,6학년 때 기본 과목인 국어, 수학, 사회, 과학을 따라잡는 것도 너무 버거워서 영어는 엄두도 못 냈다. 초등학교 정규 과목이 아니었던 영어는 일주일에 한 번 정도 수업을 들었기 때문에 자연히 관심도와 우선 순위에서 밀려나 있었다.

재웅이는 영어에 관해서는 사실상 완전히 까막눈이었다. 가까운 동네 영어학원에서 1년 가까이 전화를 주시던 원장님이 있었다. 가정 형편 때문에 보낼 수 없는 처지라 나중에 보내겠다며 핑계 아닌 핑계로 늘 거절했었지만, 계절이 바뀌고 학년이 바뀌어도 밤낮으로 안부를 묻듯 전화하며 재웅이를 포기하지 않으셨다. 그 끈질긴 설득과 중학교 영어 수업 걱정이 맞물려 결국 6학년을 졸업하고 두 달 동안 그곳에 다니고 중학교에 입학했다.

영어학원은 사실 학원이라기보다는 주로 집에서 테이프로 공부하는 과정이었는데 그나마 학원에 중학교 과정이 없었기 때문에 두 달 이후에는 더 이상 다닐 수도 없었다. 사정이 이렇다보니 중학교에 올라와 첫 시험에서 영어는 가장 큰 고민일 수밖에 없었다. 아이들이 가장 많이 선행 학습을 하고 온 과목이 바로 영어와 수학이었으니, 그 사실을 알게 된 재웅이는 걱정이 이만저만이 아니었다. 정규 과목을 가르치는 것이 더 급했던 것도 이유였지만, 나는 처음부터 영어를 가르칠 엄두도 못 냈다. 다른 것도 문제지만 영어발음이 가장 문제였기 때문이다. 아이에게 괜히 어설픈 콩글리쉬로 가르쳤다가 후에 수습이 안 되면 어쩌나 하는 걱정에 엄마와 함께하는 수업에서 영어를 아예 가르치지 않았던 것이다.

그런데 대비를 하기도 전에 중간고사가 어느새 코앞에 다가왔으니 이를 어떡하나 싶었다. 영어는 언어라서 하루아침에 실력을 높일 수 있는 것이 아니다. 이러지도 저러지도 못한 채 결국 이번 시험은 넘겨야 하나 절망스러운 생각이 들었다. 그래도 걱정만 하던 나와 달리 재웅이는 학교 수업시간에라도 영어를 따라가려고 무척이나 애를 썼다. 재웅이가 문득 자신이 예상하는 중간고사 영어 점수를 말했다.

"엄마, 내가 아무리 영어시험을 잘 친다 해도 50점은 못 넘을 거야."

나도 뾰족한 대책이 없었기에 이번 시험은 어쩔 수 없으니 다른 대책을 연구해보자고 했다. 이튿날 재웅이가 학교에 가고 난 뒤 나는 슬쩍 영어 문제집을 들춰보았다. 훑어보니 중학교 때 배운 단어들이 눈에 띄었다. 반가운 마음에 자신감이 생겨 한번 공부해볼까 하는 마음이 들었다. 열심히 단어를 외우고 문제를 풀고 답을 익히는 것에 빠져 있다 보니 재웅이가 돌아왔다.

"재웅아, 엄마랑 영어 공부하자. 엄마 영어할 줄 알아."

"정말? 어떻게?"

"글쎄, 별로 어렵지 않을 것 같은데. 엄마도 학교 다닐 때 배웠잖아. 우리 해보자."

재웅이랑 영어 문제집을 함께 들었다. 해석이 잘 안 됐지만 답안지를 보며 풀어나갔다. 다행히 영어 문제 답안지에는 해석이 잘 나와 있었다. 생각보다 잘 풀리는 공부에 아쉬운 마음이 들었다.

'이럴 줄 알았으면 진작 영어 공부도 해둘걸. 영어는 전공한 선생님

만 가르치는 것으로 생각해 엄두도 못 냈는데…….'

사실 심각한 벼락치기 공부였다. 당장 급했던지라 시험 문제의 출제 범위를 가지고 문제 풀이만 반복했다. 그렇게 벼락치기와의 사투 끝에 영어 시험 성적은 87점이 나왔다. 50점도 못 미칠 것이라 생각했던 우울한 예상을 훨씬 뛰어 넘은 점수였다. 재웅이도 놀라고 나도 놀랐다. 재웅이는 영어가 그렇게 어려운 것이 아니었다고, 다른 과목과 마찬가지로 '하면 된다'며 자신감을 나타냈다.

선생님과 면담할 때 부정적인 하소연은 금물!

첫 중간고사 결과는 반에서 3등이었다. 중간고사를 치른 후 나는 담임선생님을 뵙기로 했다. 초등학교 때와 달리 부모로서 학교에 관심도 보여야 하고, 교육은 가정·학교·사회의 3요소가 유기적으로 움직여야 한다는 것을 절실히 느꼈기 때문이었다. 담임선생님은 교사 경력이 많은 분이었다. 첫인상이 좋아서 안심을 하고 인사를 드렸다.

"선생님, 안녕하세요? 재웅이 엄마입니다."

의자에 앉으시라는 다음 말을 기대했는데 뜻밖의 대답이 들려왔다.

"어머니, 재웅이 산만한 것 아세요?"

앉기도 전에 들려온 말에 이게 무슨 소리인가 싶었다. 밤낮 없이 집에 오면 공부하겠다고 조르고 성적도 반에서 상위권으로 오르고 있는데 담임선생님은 나를 보자마자 아들이 산만하다고 하니 당황하지 않을 수 없었다. 사실 부모들이 학교에 가서 담임선생님을 면담하기란 쉽지 않다. 중학생 정도면 아이들의 의견도 생각해야 하고 눈치도 보게 된다. 용기를 내서 어렵게 찾아가는 것이기에 선생님 말씀 한마디에 부모들은 천국과 지옥을 오간다.

'댁의 아이는 공부도 잘하고 성실한 모범생입니다'라는 소리를 듣고 싶어하는 게 당연하다. 그러나 그 반대의 이야기가 나올 때는 쥐구멍에라도 들어가고 싶다. 사실 나는 담임선생님을 찾아뵐 때 재웅이의 칭찬을 하지 않을까 약간의 기대도 했었는데 뜻밖의 이야기를 들어 적잖이 충격을 받았다. 속에 담아둔 것을 토해내듯 말하는 선생님은 초등학교에서 갓 올라온 1학년 남학생 반을 맡아 매우 지친 것 같았다.

아이들의 세계는 부모들이 잘 모른다. 집과 학교에서 행동하는 것이 완전히 다를 수 있는 게 아이들이고, 부모는 아이의 좋은 점을 더 많이 보려 하기 때문에 아이를 객관적으로 판단하기 어렵다. 아이들이 학교에서 많은 시간을 보낸다는 것을 생각해보면 곁에서 지켜보는 선생님의 말씀이 정확한 경우가 많다. 재웅이의 초등학교 시절 전력을 생각하니 중학생이 되고 새로운 친구들도 많이 생겨 서로 어울리느라 산만하다는 말을 들을 가능성이 충분하다는 생각이 들었다.

나는 지친 듯한 선생님 맞은편에 앉아 재웅이의 초등학교 때 이야기를 풀어놓았고, 집에서 얼마나 적극적으로 공부하려 하는지에 대해 이야기했다. 선생님은 별 반응이 없었지만 열심히 재웅이의 장점을 설명하고, 미리 중학교 선행 학습을 하지 않아서 아직 다른 아이들보다 개념 이해가 늦을 수 있지만 지금처럼 공부를 꾸준히 하다 보면 잘 해낼 것이라는 말씀을 드렸다. 그리고 이야기가 끝나갈 즈음 나는 선생님께 중요한 결정타를 날렸다.

"선생님, 재웅이가 이렇게 공부를 하다 보면요, 1학년 말 정도가 되어서 아마 전교 10등 안에 들어갈 것이고, 2학년 1학기에는 5등, 2학년 말 정도가 되면 공부를 아주 잘하는 아이로 우뚝 설 거예요. 그때쯤이면 이 학교에 재웅이를 모르는 아이가 없을 거예요."

무슨 자신감으로 그런 이야기를 반응도 없는 선생님에게 줄줄이 쏟아냈는지 모르지만 내게는 언제나처럼 확실한 믿음이 있었다. 조용히 듣고 계시던 담임선생님은 나의 긴 이야기가 끝나자 딱 한마디 하셨다.

"네, 그렇게 한번 해보세요."

짧은 대답이었다.

담임선생님과 만났을 때, 많은 학부모들이 실수하는 게 한 가지 있다. 아이에 대한 고충을 이야기하고 도움을 받고자 상담하면서 안 좋은 점을 너무 크게 부각시키는 것이다. 이럴 경우 자칫 선생님에게 편견을 심어줄 수 있다. 실제로 아이는 공부도 하면서 게임도 하는데 공부하는 이야기를 쏙 빼놓고, "선생님 속상해요. 우리 아이는 집에 와서 게임만 해요. 어떻게 해야 하죠?"라고 해버린다. 그러면 선생님은 그 후 아이를 볼 때마다 '집에서 게임만 열심히 하는 아이'라는 생각을 하게 된다.

아이들은 하루의 대부분을 학교에서 보내기 때문에 가장 큰 영향을 미칠 수 있는 사람이 바로 학교 선생님이다. 이런 선생님에게 부모가 아이의 부정적인 면을 심어주면 선생님은 자기도 모르게 편견에 빠지기 쉽다. 그러니 자녀 문제를 상담하러 가서 하소연만 하지 말고 아이의 좋은 점을 찾아 담임선생님에게 충분히 이야기한 후 문제점을 짚어 상담하는 것이 좋다. 중학교 때 실제로 재웅이가 이런 말을 한 적이 있다.

"엄마! 엄마가 학교에 다녀간 뒤에 선생님께서 칭찬을 많이 해주셨어."

재웅이가 집에서 공부도 열심히 한다는 이야기를 들은 선생님이 재웅이를 새로운 관점에서 다시 보기 시작한 것이다.

엄마표 학습에서 자기주도 학습으로

재웅이는 방학이 되자 동네 도서관에 다니기 시작했다. 방학 기간이라 늦게 가면 도서관에는 자리가 없었다. 아침 7시에 일어나서 도서관 앞에 줄을 서서 표를 받아와, 자전거를 타고 다시 갔다. 재웅이는 하루 종일 공부하고 저녁 늦게야 집으로 돌아왔다. 집에 돌아온 후에는 엄마와 공부를 했고, 그 뒤에는 자기주도 학습이 이어졌다. 잠도 안 자고 공부에만 매달렸다. 이제는 건강이 걱정이 될 지경이었다.

"재웅아, 잠은 자야 해. 자는 것도 공부야" 하며 사정할 정도였다. 자면 엄마가 안 깨워줄까봐 못 잔다는 것이 재웅이의 이유였다. 잠을 안 자 눈이 충혈되고 짓무르기도 했다. 이렇게 사생결단으로 열심히 하니 주위에도 소문이 났다. 일로 만나거나 지인과 모임이 있을 때 재웅이는 가끔 눈이 충혈된 채로 나타났다. 재웅이를 본 사람들이 다들 한마디씩 했다.

"어머, 쟤 눈이 왜 그래요?" 하고 묻곤 했는데, 나는 무심코 "잠도 안 자고 공부해서 그래요"라고 대답해 사람들을 놀라게 했다. 재웅이가 엄마를 찾아올 때는 책을 살 때뿐이다.

"엄마, 문제집 사야 하는데 혹시 돈 있어?"

재웅이는 미안해하는 표정을 감추지 못한다. 그 모습을 본 엄마들이 며칠 전에 문제집 산 거 다 풀고 또 사는 거냐며 혀를 내둘렀다. 이런 재웅이를 본 엄마들은 집에 가서 죄 없는 아이들을 잡았다. 주위에 공부 열심히 하는 아이로 소문이 나자 어디를 가나 사람들은 재웅이를 보면 칭찬을 했다. 그 재미에 재웅이는 점점 더 공부를 열심히 했고, 조금 남아 있던 산만함을 완전히 고쳤다. 1학년 말 담임선생님에게 장담했던 전교 10등 안에 들 것이라는 나의 자신감 있는 약속은 전교 11등으로 거의 지켜졌다.

1학년을 마치고 방학이 되었다. 점점 난이도가 올라가는 교과 과정 중에 내게 제동이 걸렸다. 수학을 더 이상 가르칠 수 없게 된 것이다.

재웅이에게 수학 문제를 설명하려니 미리 공부를 했는데도 한참 생각해내야 했다. 일하랴, 공부하랴 정신도 없었고 중등 수학은 초등학교 수학과는 너무 달랐다. 문제를 한참 보고 있으려니 재웅이가 킥킥거렸다.

"엄마 이거 모르지? 내가 설명해줄게."

그제서야 재웅이의 수학 실력이 나를 앞서가고 있다는 것을 깨달았다. 선생님과 제자의 위치가 바뀌어갔다. 학교 다닐 때 수학 공부를 열심히 했다면 조금 더 가능했겠지만 나 또한 수학시간에 먼산을 보고 잠자는 것을 좋아했던지라 어려움이 따랐다. 이 나이가 되어서 아들의 수학책을 펴놓고 이렇게 시름할 줄 누가 알았겠는가? 그래서 나는 가끔 공부하는 학생들에게 말한다.

"지금 기회가 있을 때, 조금이라도 공부를 더 하렴. 나중에 어떻게 쓰일지 모르는 일이야."

그나마 학교 다닐 때 책을 좋아해서 국어에는 자신이 있었기에 겨우 체면을 차린 정도였다. 엄마가 가르치는 것에 한계를 느낄 즈음 재웅이도 그것을 느끼고 있었다. 그때부터 재웅이는 학교에서 돌아오면 동네 독서실에 다녔다. 독서실이 마치는 새벽 2시까지 꼬박 공부를 하고 집으로 돌아왔다. 이제 나는 물러서서 아이를 믿고 지지해줄 때가 왔다는 것을 깨달았다.

학원의 레벨테스트 결과에 위축되지 말 것

어느 날 재웅이 친구 엄마가 찾아와 학원을 알아보자고 제안했다. 나도 점점 교과 과정의 난이도가 높아져서 더 이상 가르칠 수 없다는 생각이 들어 재웅이 공부를 도와줄 학원을 여기저기 알아보기로 했다. 그러나 엄마들이 좋다고 추천하는 곳은 거리도 너무 멀고 특히나 학원비가 비싸서 우리 형편에는 엄두도 못 낼 정도였다. 그래서 재웅이가 다니는 독서실 아래층에 있는 종합학원이 규모도 적당하고 비용도 부담스럽지 않을 것 같아 찾아가보았다.

재웅이 친구와 함께 학원의 레벨테스트라는 것을 받게 되었다. 학교 성적이 좋으니 걱정하지 않고 기다리고 있었는데 둘 다 시험 점수가 너무나 엉망이었다. 원장님은 시험지에 비가 내린다고 표현했는데 그말이 딱 맞았다. 그래도 학교 내신 점수가 좋은 아이들인데 어떻게 이런 점수가 나올 수 있나 싶었다. 이 학원에 다니는 아이들은 재웅이가 손도 못 대는 이런 문제들을 배우고 쓱쓱 푼다는 것에 한편으로는 놀랐고, 한편으로 기운이 쭉 빠졌다.

이 학원이 영재학원이나 유명한 대형 학원이 아닌데도 수준 차이가 이렇게 심하다니, 우리 아이가 꼭 먼 나라에서 온 바보가 된 것 같았다. 원장님은 시험지를 들고 아이들을 평가하기 시작했다. 이 점수로는 [하]반에 들어가서 공부해야 한단다. 그러나 학원 시스템을 잘 몰랐던 나는 용기 있게 나섰다.

"재웅이는 [하]반에 들어가서 공부해야 하는 애가 아니에요. 애는 학교 성적도 좋고 또 얼마나 자기주도적 학습을 열심히 하는 아이인데요. 재웅이는 반드시 공부 잘하는 학생이 될 거예요. 그러니 [상]반에서 공부해야 해요. 자기 자식은 엄마가 잘 알아요."

원장님은 내 말을 듣더니 코웃음을 쳤다.

"어머니, 모든 부모들은 자기 자식을 그렇게 알고 있습니다. 하지만 지금 테스트 결과가 말해주고 있지 않습니까? 우리 학원은 그렇게 할 수 없습니다. [상]반을 원한다면 실력을 키워서 오세요."

두 사람의 대립에 제일 난감한 사람은 같이 간 재웅이 친구의 엄마였다. 절대 안 된다고 하는 원장님 앞에서 꼭 [상]반에 넣어달라고 우기는 나 때문에 화가 난 이 엄마는 내 손목을 잡아 끌고 나와버렸다. 재웅이를 왜 그렇게 [상]반에 넣어야겠다고 고집을 피우냐고 물었다.

"재웅이는 원래 공부와는 거리가 멀고 항상 놀기만 하던 산만한 아이 그 자체였는데, 중학교에 가서 또래 친구들이 선행 학습하고 들어오는 것에 충격을 받아서 따라잡으려고 저렇게 열심히 공부하고 있어요. 그 공부를 보충하기 위해 학원을 생각한 것인데, [하]반에 들어가서 자신이 따라잡을 공부 모델이 없다면 자칫 예전으로 금세 돌아갈 수 있다고 생각했어요. 내가 생각하는 재웅이는 공부를 열심히 하는 그룹에 들어간다면 그 아이들에게 지지 않으려고 더 열심히 노력할 것이 분명해요. 그래서 반드시 학원에 들어간다면 [상]반에 들어가야 한다는 판단이 섰기 때문에 그렇게 우긴 거예요."

재웅이 친구의 엄마는 아이를 이 학원에 보내는 것을 포기한 눈치였다. 훗날 이 엄마는 나를 보고 그때 자존심도 하나 없는 엄마 같았다고 이야기했다.

시험을 보고 나니 이 학원이 재웅이에게 필요할 것 같았다. 지금의 나로서는 더 이상 아이가 어려워하는 고난이도의 응용문제들을 가르쳐줄 수가 없기 때문에 내가 해주지 못하는 문제 풀이와 질문의 답, 보충 설명을 해결할 수 있는 곳이 절실했다.

이튿날 그 원장님을 또 찾아갔다. 이번에는 재웅이의 학교 성적표를 들고 찾아갔다. 나는 재웅이가 새벽 2시까지 독서실에서 홀로 공부한다고 설명했다. 자신의 공부 목적이 분명하고 스스로 공부하는 의지도 있는 아이라고 계속 어필했다. 원장님은 나 같은 학부모는 난생처음 본다며 혀를 내둘렀다. 한참 생각하더니 테스트 결과는 영 아니었지만 엄마의 이야기를 들어보니 가능성 있는 아이인 것 같다며 내 청을 들어주었다. 그러나 일단 [상]반에서 한 달 동안 수업을 받아본 뒤 다시 테스트를 해서 같은 결과가 나온다면 두말없이 빠진다는 조건을 걸었다.

다음 날부터 재웅이는 그 우수반에 들어가 공부하게 되었다. 처음으로 학원이라는 곳에 가본 재웅이는 며칠 다니더니 애들이 학교와는 또 다르게 진짜로 공부를 열심히 하는 것 같다며 신기해했다. 내가 원하는 것이 바로 이렇게 공부하는 분위기를 익히는 것이었다. 얼마 지나지 않아 학원에서 돌아온 재웅이가 이런 말을 했다.

"엄마, 학원 수학선생님이 수학 문제를 한번 풀어보라고 해서 풀었는데, 내가 푸는 것을 보고 너 창의성 수학을 아주 잘한다며 여기에 있는 게 아깝다고 하셨어."

칭찬에 약한 재웅이는 그 선생님의 칭찬 한마디에 수학을 아주 잘한다는 자신감을 갖게 됐다. 잘 가르치는 선생님보다 칭찬에 인색하지 않은 선생님이 공부에 더 큰 도움이 된다는 것을 새삼 깨닫게 됐다.

재웅이가 그 종합학원에 다닌 지 한 달이 지났을 무렵 학원에서 전화가 왔다. 약속한 시험을 깜빡 잊고 있었는데, 사실 그 전화의 용건은 전혀 다른 것이었다.

"어머니, 재웅이를 [특]반으로 보내야겠습니다."

"네? [특]반이요? 학원에 [특]반도 있었나요?"

가장 우수한 반이 [상]반인 줄 알았는데 그 위에 [특]반이 있었다니. 공부를 잘하는 아이들 중에서도 최상위권의 아이들로 이뤄진 [특]반이 따로 있다는 것이다. 이번에는 내가 한 발 물러섰다. 재웅이를 믿고 우수한 반으로 가야 한다고 강력하게 주장하기는 했었지만 [특]반까지는 아직 무리라는 생각이 들었다.

"선생님, 지난번 재웅이 테스트 결과도 있고, 그건 아직 너무 빠른 것 같아요. 학원을 안 다녀본 아이라서 아직 학원 적응도 어려운데, 너무 공부 잘하는 아이들 틈에 섞이면 안 될 것 같아요."

더 높은 곳에 갔다가 공부를 잘한다는 자신감을 잃으면 어쩌나 염려가 되었다. 혹시나 원장님이 내 말에 신경을 써서 이런 제안을 하는 건 아닐까 싶기도 했다.

"저, 재웅이 어머니. 그게 아니고요, 재웅이가 이번에 우리 학원 시험에서 1등을 했어요. 물론 [특]반 아이들을 포함해서 말입니다. 그러니 당연히 그 반에서 공부를 해야 합니다."

나는 너무 놀라서 일단 알았다며 전화를 끊고 생각에 잠겼다. 참으로 아이러니한 일이었다. 불과 한 달 전만 하더라도 비 내리는 시험지를 쳐다보며 [하]반을 선고받은 재웅이를 [상]반에 들어가게 해달라고 사정을 했었는데, 한 달이 지난 지금 [특]반에 올려 보내겠다며 도리어 원장선생님이 부탁을 하다니. 이런저런 생각을 하다 보니 한 가지 결론이 나왔다. 재웅이는 공부를 늦게 시작했지만 시작부터 꾸준히 기초를 잘 다졌다. 학교 수업과 교과서에 집중해 열심히 공부한 덕분에 내신도 잘 나와 공부 잘한다는 소리도 들었지만 따라잡는 것이 급해 선행 학습은 못했다. 그런 상태에서 평소 공부 범위보다 난이도가 높은 응용문제 시험지로 테스트를 하니 반타작을 면할 수 없었던 것이다.

학원은 그 테스트로 모든 것을 평가하니 선행 학습을 하지 않는 아이들은 학원 레벨테스트에서 바보가 된다. 재웅이도 테스트 시험에서는 바보가 되었지만 [상]반에 들어가 적응하게 되니 실력발휘를 한 것이다. 그래서 많은 엄마들이 학원에 가서 치르는 테스트 시험은 어렵게 낸다고 말한 것이었다.

그러니 아이들이 학원에 등록하러 갔을 때, 테스트 시험을 보고 너무 실망하지 않았으면 좋겠다. 그 테스트 결과가 좋지 않다고 해서 아이가 부족한 것이 아니다. 다시 한 번 강조하지만 내 아이는 내가 잘 알아야 길이 보인다는 것을 명심해야 한다. 감사하게도 성적에 따라 수업료의 절반이나 전체를 면제받을 수 있는 학원 시스템 덕분에 재웅이는 학원비 부담까지 덜게 되었다.

어릴 때 재웅이에게 했던 말이 생각났다.

"재웅아, 공부를 잘하면 장학생이 되고 돈 한 푼 안 들이고도 공부할 수 있어."

전교 1등이라는 강력한 목표

재웅이는 독서실에서 계획을 세워 철저하게 자기주도적 학습을 했다. 학교 시험 한 달 전부터는 아예 학원에 나가지도 않았다. 그저 간간히 독서실에서 공부하다가 모르는 문제나 잘 풀리지 않는 공식을 물어보러 아래층에 있는 학원에 들렀다. 학원 선생님도 재웅이가 열심히 하는 것을 아는지라 모르는 것만 물어보러 와도 배려해주셨다.

나는 2시까지 공부하고 돌아온 재웅이를 마중나가 집에 함께 들어오곤 했다. 그 짧은 시간은 아이의 하루 공부 성과나 학교생활을 들을 수 있는 소중한 시간이었다.

한번은 재웅이가 평소보다 일찍 들어왔는데 식구들이 모두 TV에

푹 빠져 있었다. 엉겁결에 재웅이도 앉아 같이 보기 시작했다. 30분쯤 보던 재웅이는 갑자기 정신이 번쩍 들었는지 자기 방으로 달려갔다. 시간이 지나 방문을 열어보니 잘 시간이 지나도록 계속 공부를 하고 있었다.

"재웅아, 잘 시간 넘었는데 자야지."

"아까 TV 보느라고 지체해서 오늘 해야 할 공부 목표를 못 채웠어. 30분 더 해야 돼."

재웅이는 자기와의 싸움을 치열하게 벌이는 중이었다. 항상 자신이 계획한 하루 공부 스케줄을 다 마쳐야 잠자리에 들었다.

재웅이는 새 학기가 되어 만난 2학년 담임선생님을 참 좋아했다. 온화하고 예쁜 선생님이셨는데, 재웅이에게 항상 기대되는 아이라는 말을 자주 했고 격려도 많이 해주셨다. 재웅이는 2학년 1학기 중간, 기말고사에서 전교 6등까지 올라갔다. 노력상도 받아왔다. 전교 5등 안에 오르겠다는 목표를 갖고 공부를 한 결과였다.

2학년 2학기가 되자 재웅이는 공부에 박차를 가했다. 좋아하는 옷을 사러 가자는 말에도 시간이 없다며 엄마더러 대충 사오라고 할 정도였다. 엄마와는 심히 다른 취향 때문에 항상 옷은 자기 손으로 직접 골랐는데, 그것을 뒷전으로 미룰 정도로 공부에 빠져 있는 것이었다.

어느 날 방에 들어가 보니 재웅이가 의자에 올라서서 천정에 뭔가 열심히 붙이고 있었다. 천정을 올려다보니 '기말고사 전교 1등 한다!'라는 글귀가 적힌 종이였다. 순간 눈물이 핑 돌았다. 마음에 행복감이 가득 찼다. 엄마와 함께 공부할 때 했던 것들을 잊지 않고 스스로 잘 해내고 있는 것이 기특했다. 전교 1등을 해보겠다는 굳은 의지가 보였다.

　재웅이네 학교에는 공부를 정말 잘하기로 유명한 아이가 있었다. 들어올 때부터 1등인데 단 한 번도 전교 1등을 놓친 적이 없었다. 학부모들은 가끔씩 모인 자리에서 그 아이는 사람이 아니라고 이야기할 정도였다. 그래서 그 아이를 뛰어 넘어 전교 1등을 한다는 것은 불가능한 일이라고 했다. 입학할 때부터 그 명성을 들어온 나도 어떻게 공부를 그렇게 잘할 수 있을까 감탄했다. 그 아이는 고등학교 물리책을 들고 다니며 공부해서 재웅이를 충격에 휩싸이게 했던 그 장본인이었다. 그런데 재웅이가 저렇게 전교 1등을 하겠다고 천정에 써 붙이고 공부를 시작하니, 그 얼마나 용기 있는 도전인가? 1등을 하겠다는 말은 그 아이를 이기겠다는 말과도 같으니 말이다.

　기말고사가 다가오자 내가 다 긴장이 되었다. 정말로 오랜 시간 재웅이는 밤을 새워가며 공부를 했다. 기말고사는 전과목 시험으로 총 11개 과목을 보았다. 재웅이는 한 과목당 10번씩 읽는 습관으로 모든 시험 범위를 다 외우는 듯했다. 기술책을 어찌나 많이 읽었던지 책이 너덜너덜해졌다. 재웅이와 공부를 하며 느낀 것인데 만점 맞는 아이와 1개 틀리는 아이 사이에는 큰 차이가 있다. 점수로는 불과 몇 점 차이라도 만점이라는 것은 그야말로 교과서와 수업 내용을 단 하나도 놓치지 않고 공부해야만 가능하다. 완벽하게 알아야만 어떤 문제가 나오더라도 실수 없이 만점을 받을 수 있는 것이다. 그러나 1개 틀린다는 것은 일부분을 놓쳤다는 의미다. 전교 1등을 하려면 거의 모든 과목을 만점 받는 정도가 되어야 한다. 그것을 알고 있던 재웅이는 '미쳤다' 할 정도로 파고들었다. 건강이 염려가 될 정도였다.

강한 소망을 가지고 공부한 재웅이의 기말시험이 드디어 시작되었다. 사흘간 시험에 몰두한 재웅이의 얼굴은 누렇게 떴다. 나 역시 직접 시험을 치르지 않을 뿐 긴장되는 마음은 아이보다 더 했다. 매순간 애가 탔다. 모든 시험이 끝나고 재웅이는 자신의 시험지를 가채점해보고 성적에 만족하는 모양이었다. 너무 궁금해 견딜 수가 없어서 성적이 나오기도 전에 학교로 가보기로 했다. 담임선생님이 너무나 반갑게 맞아주셨다.

"재웅이 어머니. 재웅이가 이번 기말고사 필기에서 전교 1등을 했어요. 최고 점수예요. 지금 모든 선생님들이 재웅이가 OO를 처음으로 이겼다며 다들 놀라고 계세요. 재웅이가 화제예요, 화제!"

그때의 마음을 어떻게 다 표현할 수 있을까. 그게 정말이냐는 물음이 연신 터져 나왔다. 재웅이는 전과목에서 단 2개만 틀리고 그 아이는 4개를 틀려서 재웅이에게 1등이 돌아간 것이었다. 아쉽게도 수행평가 점수와 중간고사 점수를 합치자 최종성적으로는 전교 3등이었지만, 재웅이가 그토록 바라던 필기시험에서 1등을 했다는 것이 중요했다. 그렇게 노력했던 모든 것들에 대해 보상받았다는 사실이 무엇보다 기뻤다. 재웅이는 이 시험을 본 후 이렇게 정리했다.

"엄마, 내가 바닥도 쳐보고 최고도 되어보니까 역시 최고가 되는 것이 더 좋은 것 같아. 앞으로 존재감 있는 사람으로 살려면 공부를 열심히 하는 것이 좋겠어요."

중학교에 들어가 2학년 2학기쯤이 되면 공부를 잘해 재웅이를 모르는 아이들이 없을 것이라는 믿음, 그 믿음이 이루어졌다. 어릴 때부터 '너는 잘하게 될 거야. 너는 잘할 수 있어. 너는 훌륭한 사람이 될 거야. 괜찮아, 할 수 있어. 불가능은 없어'라며 입버릇처럼 들려주었던 이야기가 그대로 현실이 되니 소름이 끼칠 정도였다.

공부만 아는 1등보다 사회성 있는 2등

● ● ●

공부에 빠져 있던 중학교 2학년을 마치고 3학년에 올라갈 때 즈음 담임선생님이 말씀하셨다.

"어머니, 재웅이의 문제는 너무 공부만 한다는 것이에요. 저는 재웅이에게 리더십을 길러주고 싶은데요. 3학년이 되면 학생 선도부에 들어가서 학생부 임원 활동을 하는 게 어떨까요?"

"선생님, 중학교 3학년이면 더욱 공부를 열심히 해야 하지 않을까요?"

"어머니, 저는요. 재웅이가 공부만 아는 1등 범생이보다 2등이지만 사회성 있고 리더십 있는 사람이 되었으면 좋겠어요."

참으로 훌륭한 선생님이셨다. '1등 범생이보다 사회성 있는 2등.'

그 말은 나의 뇌리에 콕 박혔다. 생각해보면 공부를 너무 잘하는 아이들은 성격이 모났다는 소리들을 많이 한다. 소위 '싸가지 없다'는 말을 듣는 전교 1등이기보다는 좋은 인성을 갖추는 게 더 중요한 것은 사실이었다. 리더십을 기르는데 왜 하필 선도부일까 의아했는데 중학교 3학년에 학생부 임원이 되는 길은 선도부가 아니면 기회가 없었다. 학교에서 학생들의 리더가 되는 것은 학생회 회장, 부회장이 아니면 학급 회장 정도인데 이런 임원들은 대체로 1학년 때부터 하던 아이들이 계속하는 경우가 많다.

재웅이가 스스로 반장 선거에 나설 리는 없고, 반장 선거에 나가더라도 당선이 되리라는 보장도 없어, 학생부에서 활동할 수 있는 틈새가 바로 선도부였다. 그렇게 해서 재웅이는 선도부가 되었다. 지나고 보니 어릴 때부터 반장 선거에 적극적으로 나가도록 자신감을 심어주었더라면 좋았을 것 같다. 사회에 나가서도 리더십은 어떤 활동에서든 반드시 필요한 역량이기 때문에 반장이나 전교회장 등의 직책을 맡게 되면 어릴 때부터 자연스럽게 리더십을 키울 수 있다.

연년생인 두 아들을 둔 지인이 있었다. 공부는 둘 다 바닥이었지만 초등학교 2학년 때부터 반장 선거에 한 번도 빠지지 않고 도전을 시켰다. 떨어질 때마다 내게 이야기했는데, 엄마도 엄마지만 아이들도 도전 정신이 대단했다. 무려 5학년 때까지 계속 학급 반장 선거에 나갔다. 아이들 일기장에는 '내년에는 꼭 반장이 되어야지'라는 각오가 써 있었다고 한다. 형은 6학년 때, 동생은 5학년 때 마침내 반장이 되었다. 거기서 그치지 않고 형은 전교 회장에, 동생은 전교 부회장에 출마했다. 형은 동생을 밀어주고 동생은 형을 밀어줘서 나란히 회장과 부회장에 당선되었다. 아이들의 엄마는 학교의 총어머니회 회장으로 '등극'했다. 사람들은 세 모자가 학교를 다 장악했다고 수근거릴 정도였다. 하지만 아이들은 그 경험으로 강인한 도전 정신을 배우고 단단한 리더십을 익힐 수 있었을 것이다.

선도부원이 된 재웅이는 첫날 교문 앞에 서서 아이들 복장 검사를 하게 되었다. 순진한 재웅이는 교문 앞에서 날마다 걸릴까봐 긴장하며 통과하다가 막상 자신이 그 반대의 위치에 서 있는 것이 신기했나 보다. 집으로 돌아오자마자 내뱉은 첫 마디가 바로 "엄마! 나는 오늘 인생에서 정말 새로운 경험을 했어!"였다. 나는 그런 재웅이에게 활짝 웃어주었다.

특목고 입시에서 얻은 깨달음

3학년이 된 재웅이를 보며 내 마음은 더 바빠졌다. 학습 정보, 입시 정보, 특목고 설명회, 대입 설명회까지……. 틈나는 대로, 시간 나는 대로 정보를 찾아 돌아다녔다. 하나라도 놓칠까봐 적고 또 적었다. 나도 이제 그저 아이들을 방치하는 엄마가 아니라 교육에 지대한 관심을 가진 엄마가 되어 있었다. 어떤 날은 하루 두 군데 이상 다니기도 했다. 그 정보는 고스란히 재웅이에게 전해졌다. 지속적인 동기 부여를 위해서였다.

재웅이가 수학과 과학을 좋아하다 보니 과학고에 대한 관심이 아주 높았다. 당시에는 과학고와 특목고, 외고의 경쟁률이 가장 치열한 때였다. 과학고에 대해 잘 알고 상담받을 수 있는 분을 여기저기 수소문했다. 그분의 얘기로는 과학고에 가려면 초등학교 4학년 때부터 준비를 해야 하는데 중학교 3학년으로서는 아주 많이 늦은 것이라고 했다. 지금부터 준비해서 가려면 유능한 수학 전문 선생님 한 분을 모셔 모든 과목을 다 내려놓고 과학고 시험을 치르는 그날까지 수학만 공부해야 겨우 가능한 정도라는 것이다. 재웅이 재능이 너무 아까우니까 전문 선생님을 소개해줄 테니 지금 빨리 찾아가보라고 권했다. 재웅이는 빨리 가보자며 재촉했지만 나는 머릿속이 복잡해졌다.

수학에만 올인해서 공부하고 다른 과목을 다 내려놓으면 내신 문제로 과학고에 가는 길이 더 어려워질 것이다. 게다가 그렇게 해도 가능성이 적다는 것이 걸렸다. 무엇보다 큰 문제는 비싼 과외비였다. 당장 자신이 없었다.

"재웅아, 아무래도 안 될 것 같아. 집에서 그냥 공부해보자."

재웅이의 얼굴에 실망한 기색이 역력했다. 마음이 아팠지만 어쩔 수 없었다. 재웅이가 원하는 것을, 다른 것도 아닌 공부하는 것을 못해준 것에 대한 아쉬움은 크게 남았지만, 훗날 시간이 흐르고 나니 그때의 결단이 옳았다는 생각이 들었다.

그때의 경험으로 깨달은 것이 있었다. 자녀를 키우는 부모라면 미리 교육 문제에 관심을 갖고 각종 정보를 섭렵하는 것이 훗날을 위해 도움이 된다는 것이었다. 어릴 때부터 아이의 적성에 맞추어 단계별로 준비하다 보면 어렵지 않게 원하는 학교에 들어갈 확률이 높아지는 것이다. 대부분의 엄마들은 학원의 이야기만 믿고 '학원에 맡겨두면 알아서 공부를 잘 시켜 특목고에 보내주겠지'라고 생각하기 쉬운데 막상 때가 되어 잘 풀리지 않으면 대책이 서질 않는다. 내 자녀는 한 명이지만 학원은 많은 아이들을 상대하기 때문에 아이들의 적성을 일일이 파악하기도 힘들고 꼼꼼하게 신경 써주기 어렵기 때문이다.

나도 그분에게 상담을 받은 뒤 과학고에 대한 기대를 접은 상황이었지만 그래도 틈새가 있을까 싶어 특목고 입시 설명회를 빠짐없이 다녔다. 그날은 국제고의 입시 설명회 날이었다. 과학고에 관심을 두어서 그런지 국제고 입시 설명회는 크게 귀기울이지 않았는데 그때는 눈에 들어오지도 않았던 학교 시설이나 기숙사들이 나를 놀라게 했다. 학생이 공부를 할 수 있는 최적의 환경이라는 생각이 들었다.

국제고 입시 설명회에서 수학을 잘하는 학생들에게 가산점이 부과된다는 정보를 접하니 재웅이에게 최적의 학교라는 생각이 들었다. 제일 마음에 들었던 것은 기숙사였다. 영양사들이 만드는 특별 식단도 내 마음을 사로잡았다. 재웅이는 집안의 환경이 좋지 않았기에 집에서는 집중이 되지 않아 도서관이나 독서실에서 공부하는 형편이었다. 재웅이가 좋은 환경에서 마음껏 공부할 수 있는 절호의 찬스라고 생각했다. 그리고 재웅이는 전과목을 골고루 잘하니 국제적인 리더로 큰다면 좋겠다는 생각 또한 들었다. 이 학교라면 재웅이가 생각하는 꿈도 이룰 수 있겠다 싶은 기대가 샘솟았다.

좋은 내신 점수가 필요했고 영어 필기시험을 치러야 했다. 재웅이는 영어가 가장 취약했다. 가장 뒤늦게 배우기도 했고 거의 독학을 했기 때문에 아무래도 다른 과목보다 약했다. 그에 비해 외고를 지망하는 주위 아이들은 미리부터 외국어 전문 학원을 선택해서 공부를 하고 있었다. 집에 돌아와 재웅이에게 국제고에 대해 설명했다. 사실 과학고에 대한 기대가 컸던 재웅이는 그 일이 있고부터 공부에 대한 의욕과 목적을 조금 잃어가는 듯 보였다. 그러니 빨리 새 목표를 정해두고 다시 공부할 수 있는 마음을 만들어줘야겠다는 생각이 들었다.

재웅이를 데리고 국제고로 갔다. 학교 시설 등을 둘러보며 견학도 하고 국제고에 대한 이야기를 듣자 재웅이도 단번에 마음을 빼앗겨 새 목표를 정했다. 국제고가 재웅이의 새 목표가 되었다. 특목고 입시를 남들보다 훨씬 늦게 생각했던 터라 우왕좌왕할 수밖에 없었지만 그래도 도전해보기로 했다. 재웅이는 마음을 잡고 다시 공부를 시작했다. 남은 내신이 관건이었다. 우선 국제고로 가기 위해서는 마지막 학년인 3학년 내신도 중요했기에 학교 수업에 열중하며 내신 공부에 박차를 가했다. 시간은 빠르게 흘러서 이윽고 중간고사가 다가왔다.

긍정의 힘이 만들어낸 기적

전화기 너머로 들려오는 재웅이의 목소리는 완전히 흥분 상태였다.

"엄마! 오늘 시험 본 3과목이 모두 100점이야!"

순간 나도 모르게 울컥하며 눈물이 났다. 이전에도 100점을 많이 받았지만 대체로 첫날부터 한두 개씩 틀리고 시작해서 100점은 나머지 날에 받아왔던지라 이런 기분은 처음이었다.

"재웅아 너무 잘했어! 잘했어! 앞으로도 파이팅!"

흥분된 채 전화를 끊으니 옆에 있던 재웅이 친구 엄마가 물었다.

"재웅이가 시험을 잘 쳤대요?"

"네, 오늘 시험 치른 과목 다 100점을 받았대요."

"와, 진짜 축하해요. 한턱 내세요."

그제서야 재웅이 친구가 다리를 다쳐서 병원에 입원해 병문안 중이었다는 것이 생각났다. 재웅이와 같은 학교에 다니던 친구는 이날 시험을 치르지 못했다. 시험도 못 본 아이를 두고 너무 흥분해버려 미안한 마음이 들었다.

시험 둘째 날.

"재웅아 오늘도 파이팅하고, 부담 갖지 말고 편안한 마음으로 봐."

어제 잘 보고 나니 오늘은 두 배로 긴장이 되었다. 간절한 이 마음이 재웅이에게 그대로 전달되기를 바라며 열심히 기도했다. 시험 끝나는 시간이 되자 결과가 궁금했지만 재웅이에게 전화가 올 때까지

기다리고 있었다. 시험 기간에는 재웅이에게 전화가 올 때까지 먼저 전화하지 않았다. 엄마가 시험 성적에 집착한다는 생각을 심어주게 되면 그것 자체가 큰 부담이 될 수 있기 때문이다. 시험이 끝날 시간에 맞추어 바로 전화벨이 울리면 그날의 시험 결과가 좋은 것이고, 전화 없이 집으로 바로 돌아오면 생각보다 잘 치르지 못한 것이라고 짐작하며 초조하게 기다리는데 곧바로 전화벨이 울렸다. 반가운 아들의 목소리가 밝았다.

"엄마! 오늘도 3과목 다 100점이야!"

"그래! 우리 아들 정말 잘하는 구나. 너무 너무 잘했어!"

나는 너무 기뻐 그 자리에서 전화기를 붙들고 팔짝팔짝 뛰었다. 어찌나 기쁜지 갑자기 목표로 하고 있던 국제고가 생각나면서 벌써 그 학교에 합격한 것 같은 기분이 들 정도였다.

"재웅아 빨리 와. 엄마가 맛있는 거 해놓고 기다릴게."

신이 났는지 재웅이는 학교에서 곧바로 달려왔다. 재웅이는 밥을 먹으면서도 쉴 새 없이 재잘거렸다.

"엄마, 정말 신기해. 여태껏 쳤던 시험 중에서 마음이 가장 편안한 상태였는데 최고 점수가 나오다니."

지금까지와는 다르게 잘 쳐야지, 이겨야지 하는 조급함 대신에 편안한 마음을 가지고 시험을 치니까 실수를 하지 않은 것 같다. 재웅이는 모든 것을 내려놓고 스스로를 평가해보자는 마음으로 이번 시험에 임하고 있다고 말했다. 시험 3일째이자 마지막 날이 되었다. 가만히 있기만 해도 마음속으로 기도가 저절로 나왔다.

"재웅아, 이틀 동안 시험 너무 잘봤으니까 너무 부담 갖지 마. 지금까지도 아주 잘했어. 기도할게!"

아침부터 크게 파이팅을 외친 재웅이는 인사를 하며 씩씩하게 집을 나섰다. 학교로 가는 뒷모습을 보며 내심 오늘도 혹시 만점 받을까 기대하는 마음이 없었던 것은 아니지만 중학교 3학년인데 모든 과목을 모두 100점 받는다는 것은 너무 어렵고 꿈같은 일이라고 생각했다.

시간은 더디고도 빠르게 지나가서 시험이 끝날 시간이 되자마자 전화벨이 울렸다. 바로 전화가 왔기에 어느 정도 안심하며 전화를 받았다. 그런데 "엄마……"하고 부르는 목소리가 힘없이 축 처져 있었다.

"엄마…… 오늘 시험 말야…… 완전 망쳤어……."

기가 완전히 죽은 목소리를 들으니 너무 안타까웠다. 이틀 동안 점수가 잘 나와서 마지막 날도 잘 봐야 한다는 부담감에 실수를 했구나 싶었다. 내심 아쉬운 마음이 들었지만 나는 밝은 목소리로 아이를 달랬다.

"재웅아, 괜찮아. 너 오늘 잘한 거야. 괜찮아. 집에 빨리 와. 엄마가 기다리고 있을게."

"아니야, 엄마. 오늘 친구랑 시험 끝나서 놀다 가려고."

많이 애썼으니 오늘만큼은 실컷 놀고 싶은 모양이었다. 기분을 풀기에는 그게 더 나을 것 같아서 알겠다고 말하려는데 재웅이가 말을 이었다.

"응, 그런데 엄마…… 농담이야!"

갑자기 명랑해진 목소리로 농담이라고 하는데 순간 너무 놀라서 무슨 말인지 알아듣지 못했다.

"시험 망쳤다는 거 농담이라구! 진짜 기분 최고야 엄마! 나 전 과목 다 100점 맞은 거 같아!"

재웅이는 전화기에 대고 거의 소리를 지르고 있었다. 거짓말 같은 소리에 나는 한동안 멍해 있다가 정신이 번쩍 들었다. 대답을 해줘야 하는데 갑자기 밀려오는 기쁨에 목이 메이고 눈물이 핑 돌면서 도저히 말이 나오지 않았다. 아…… 이런 날도 다 있구나!

재웅이가 학교 시험에서 전 과목 100점을 받다니! 그동안 함께 공부했던 순간들, 힘들고 고생하고 울었던 그리고 또 웃었던 순간이 눈앞을 꽉 채우며 스쳐 지나갔다. 이 기분을 어떻게 표현해야 할까? 구름 위에 떠 있는 느낌, 세상을 다 가진 느낌이 바로 이런 것이라는 생각이 들었다. 나는 우선 재웅이에게 하루 종일 실컷 놀다 들어오라고 하고 전화를 끊었다. 마음이 급했다. 누구한테 제일 먼저 전화해야 할까! 잠시 고민하다 결국 아빠, 누나, 할머니, 외삼촌, 이모 등 가족 전부에게 단체 문자를 보냈다. '재웅이 이번 시험 전과목 올100점! 축하 바람.' 핸드폰을 꼭 붙잡고 기다리고 있는데 바로 재웅이 막내 외삼촌에게 제일 먼저 연락이 왔다.

"누나, 재웅이 꼴통 아니었나? 정말로 기적이다. 전과목 올100점이 어떻게 가능하지? 아무튼 축하한다. 신기하다, 신기해."

나는 그 꼴통이었던 재웅이가 바로 전과목 100점을 맞았다고 소리를 지르고 싶었다. 대학교 기숙사에 있던 누나 지나도 난리가 났다. 같이 있던 친구들한테 소란스럽게 자랑하며 어느새 재웅이가 그 정도로 공부를 잘하게 되었냐며 신기해했다. 너무 흥분 돼서 밥을 안 먹어도 배가 불렀다. 행복한 며칠을 보내고 선생님을 뵈러 학교에 갔다. 담임선생님도 역시 흥분을 감추지 못했다.

"어머니! 재웅이 이번 시험 성적 아세요? 전과목 만점이 나왔어요! 제가 재웅이한테 사람이 아니라고 했다니까요. 전과목 100점은 전교에 재웅이 하나예요!"

선생님이 정확하게 확인을 시켜주니 행복감이 두세 배로 뛰었다. 주변에 있던 선생님들도 모두 축하해주었는데 1학년과 2학년 때 담임선생님도 소식 들었다며 함께 기뻐해주었다. 특히 1학년 때 담임선생님은 내 손을 잡으며 칭찬을 아끼지 않으셨다.

"어머니, 전 재웅이가 일취월장할 줄 알았다니까요! 보면 볼수록 대단해요!"

나는 순간 예전 생각이 나서 농담을 했다.

"선생님, 저 처음 만났던 날 선생님께서 재웅이 보고 산만하다고 그러셨잖아요?"

그랬더니 선생님이 정색을 하며 반문했다.

"제가 언제요? 재웅이가 어떻게 산만한 애인가요? 얼마나 모범생인데요!"

속으로 웃음이 나왔지만 정말 기분이 좋았다. 선생님들의 칭찬이 있었기에 재웅이가 결국 이러한 결과를 얻을 수 있었을 것이다. 재웅이의 공부 이야기는 소문이 나기 시작했다. 많은 엄마들이 어떻게 공부를 시켰냐며 여기저기에서 상담을 청해왔다. 진심어린 조언을 주기 위해 노력했다. 특히 우리처럼 가정환경이 어려운 엄마들을 만나면 더욱 적극적으로 열변을 토하기도 했다.

"반드시 희망이 있다. 긍정적인 마음을 가져라! 할 수 있다!"

자기 자신과의 싸움,
실패해도 실력은 남는다

국제고에 원서를 냈다. 그동안 공부해온 것에 대한 첫 도전이었다. 재웅이의 공부를 함께 하기 위해 식구들은 재웅이의 생활 패턴에 맞춰 생활했다. 공부를 끝내고 잠자리에 들 때까지 기다렸다가 함께 자기도 했는데 다소 피곤하고 힘이 들었지만 재웅이에게 공부할 수 있는 기회는 바로 지금이었다. 재웅이에게 최대한 힘을 실어주고 지지해주기로 한 것이다. 식구들이 아무리 힘들어도 제일 힘든 것은 당사자인 재웅이였으리라.

시험 치르는 날, 남편과 나는 재웅이와 함께 가기로 했다. 학교 앞은 수능 시험일을 연상시킬 정도로 많은 인파로 북적였다. 시험을 보러 온 학생들과 가족들은 긴장한 표정으로 학교를 바라보기도 하고, 잊은 것은 없는지 서로 챙기기도 했다. 또 특목고 전문 입시학원 이름을 붙인 학원 버스들도 학원생들을 내려놓으며 좋은 결과가 있기를 격려하고 있었다. 시험을 앞두고 긴장한 아이들의 모습은 하나같이 예쁘고 사랑스러웠다.

재웅이처럼 이 아이들도 공부하느라 얼마나 수고했을까? 열심히 노력한 결실을 맺고 3대 1의 경쟁률을 뚫는 것이다. 이렇게 모인 우수한 아이들 3명 중 1명만이 이 학교에 들어갈 기회를 얻는다. 같은 목표를 향해 도전하는 아이들을 바라보자 재웅이와 우리 부부도 덩달아 긴장되기 시작했다. 시험을 본다는 것이 새삼 실감났다.

시험은 면접까지 포함해 몇 시간이 걸렸다. 재웅이가 이 좋은 환경에서 공부할 수 있기를 간절히 바랐다. 드디어 긴 기다림 끝에 시험이 끝나는 종이 울리고 앞서 면접을 본 아이들이 하나둘씩 학교에서 나왔다. 다들 환한 얼굴로 웃고 있었다. 큰 시험을 끝내고 홀가분한 모습들이었다. 그런데 아무리 기다려도, 다른 아이들이 거의 다 나오도록 재웅이는 나오지 않았다. 궁금해서 먼저 나온 아이들에게 영어 듣기시험이 어땠는지 물었다. 재웅이가 가장 자신 없어하던 것이 듣기시험이었으니 그게 가장 궁금했다. 아이들 모두 쉬웠다고 했다. 기다리던 재웅이가 나왔다. 그런데 재웅이의 얼굴이 다른 아이들과는 달랐다. 한눈에 봐도 자신 없고 시무룩한 모습이었다. 풀이 죽어 터덜터덜 걸어오더니 "아무래도 안 될 것 같아요. 듣기 하다가 문제를 놓쳤어요."

연습 부족이었다. 국제고등학교를 목표로 공부한 시간이 짧았기 때문에 영어를 공부할 시간도 짧을 수밖에 없었다. 영어 듣기시험에 대한 정보와 대비책을 세우기에도 시간이 부족했다. 알고 보니 국제고 입시에 응시한 학생들은 1학년 때부터 집중적으로 고등학교 입시용 영어공부와 듣기시험을 연습하며 훈련해왔다고 한다. 아무래도 재웅이 혼자 짧은 시간에 해내기에는 어려웠다는 생각이 들었다.

하지만 수학을 잘하는 재웅이가 국제고에 들어간다면 승산이 있을 것 같았다. 수학은 기초나 개념, 원리, 심화가 부족하면 따라 붙기가 어렵지만 영어는 마음먹고 죽어라 공부하면 누구나 언제든지 가능한 공부라는 생각을 하고 있었기 때문이다. 재웅이는 전과목 내신이 좋았으니 영어는 공부한다면 늦게라도 충분히 정복할 수 있을 테니 어떻게든 합격만 해주었으면 하고 바랐다.

그러나 그렇게 바라던 국제고는 재웅이의 예상대로 합격하지 못했다. 재웅이는 공부를 시작하고 지금까지 성적이 한 번도 떨어져본 적이 없었다. 밑에서부터 시작해 올라갈 곳이 많았기에 항상 많은 노력을 했고 항상 오르기만 해왔다. 또한 그 때문에 공부하려는 의욕이 가득했었다. 한번은 체육 수행평가에서 [우]가 나오자 그 다음부터 한 달 동안이나 줄넘기를 연습해 기어코 체육 만점을 받았다. 그런 재웅이가 자신이 마음 먹고 도전했던 국제고 입시에서 탈락하자, 말은 하지 않았지만 크게 실망한 눈치였다. 선생님들도 많이 안타까워하셨지만 열심히 했던 재웅이가 상처를 입을까봐 달래주려 애를 썼다.

최선을 다한 재웅이에게 우리 식구들은 밝은 얼굴로 더 좋은 길이 열릴 것이라는 긍정적인 생각을 하자고 위로했다. 한동안 멍하던 재웅이는 특유의 활발하고 긍정적인 성격으로 곧 평정을 되찾았다. 중학교 3년 동안 재웅이는 누가 보아도 치열하게 공부했다. 자신과의 싸움에서도 이겼고, 그것이 우리를 기쁘게 해주었다. 중학교 생활은 재웅이의 남은 삶에서 오랫동안 기억될 것이고 이 소중한 경험이 부메랑처럼 돌아와서 많은 아이들에게 희망을 줄 것이라 믿는다. 그 소중한 시간을 간직한 채 재웅이는 부모님과 이웃, 선생님들의 축복 속에 중학교를 졸업했다.

첫 시험을 망쳐도 조급해하지 말자

공부를 마라톤에 비교한다면 현재 재웅이는 초등학교, 중학교 코스를 통과하고 드디어 마라톤의 마지막 코스인 고등학교에 입학할 나이가 되었다. 고등학교 3년을 어떻게 보내야 할까? 앞으로 주어진 순간마다 최선을 다하자는 각오로 재웅이의 고등학교 진학을 기대하며 진심으로 축하해주었다. 학교는 추첨을 통해 정해졌다.

나는 재웅이에게 새로 입학할 고등학교를 한번 둘러보자고 제안했다. 재웅이가 3년 동안 꿈을 펼칠 소중한 학교에 좋은 인상을 가졌으면 하는 마음이었다. 학교 정문에 들어서자 '여기서 재웅이가 인생의 가장 아름다운 시절을 보내고 꿈을 향해 도전하겠구나' 하는 마음에 내 가슴이 설레었다. 학교는 정리정돈이 잘 되어 있었고, 주변 학교보다 좋은 시설을 갖추고 있었다. 깔끔한 재웅이가 좋아할 이미지라고 생각하고 있는데 재웅이가 먼저 말을 건네 왔다.

"학교 좋다."

둘이서 한 바퀴 둘러보자 와보길 잘했다는 생각이 들었다. 입학하기 전 학교를 방문해 미리 정보도 얻고 학교 시설물도 둘러보는 것이 아이들에게는 새로운 출발에 대한 두려움을 없애도록 도와주기 때문이다.

엄마들은 아이가 다닐 학교에 대해 보다 많은 정보를 얻기 원한다. 그래서 학교는 어떤지, 선생님들은 어떤지 수소문해가며 정보를 나눈다. 그러나 이런 성향이 지나치면 아이가 학교에 들어가기도 전에 걱정거리가 먼저 생긴다. 학부모인 우리는 아이가 다니게 될 학교를 사랑하고 자녀에게 학교의 장점을 충분히 부각시켜주어야 한다. 아이가 학교를 무시하고 선생님에 대한 존경심이 없다면 고생은 부모가 하게 될 것이다. 나는 재웅이에게 내가 보고 느낀 학교의 장점을 끊임없이 이야기해주었고 함께 학교를 둘러보며 학교에 대해 좋은 인상을 갖도록 노력했다.

고등학생 자녀를 둔 부모들은 이제 다 큰 애들이니 자기가 알아서 하면 된다는 생각으로 이런 부분에 소홀하기 쉬운데, 많은 아이들을 만나보고 느낀 것 중 하나가 바로 아이들은 아직 어른이 아니라는 것이다. 겉으로는 간섭하지 말라고 큰소리 치지만 마음속 깊은 곳에 새로운 세계에 대한 낯선 감정과 두려움을 가지고 있다. 당연히 새 학교에 대한 여러 가지 복잡한 생각도 들 것이다. 감수성이 가장 예민할 때이기 때문에 부모들은 아이의 감정을 섬세하게 잘 읽고 아이가 말하지 못하거나 깨닫지 못하는, 사소한 문제들을 해소해주는 것이 좋다.

재웅이는 어느 때보다 자신감으로 충만했다. 중학교 2학년 때 담임 선생님의 조언에 따라 이번에는 스스로에게 변화를 주고자 했다. 반장 선거에 도전해 반장이 된 것이다. 한 번도 생각해보지 않았던 학급 일을 맡게 되었다. 반장을 하면서 책임감을 배우고 친구들을 배려하는 법도 배운 듯했다. 자신감이 생긴 재웅이는 이번에는 전교 부회장 선거에 나가겠다고 했다. 내가 이런 도전을 누구보다도 환영했던 것은 전교생 앞에서 자신의 생각을 발표하는 것을 두려워하지 않았다는 점 때문이었다. 사람들 앞에서 부끄럼을 잘 타고 수줍음이 많았던 재웅이로서는 큰 용기가 필요한 일이었으니 굉장히 의미 있는 도전이었다.

부회장 선거에서는 낙선했다. 전교생 앞에 서보니 너무 떨려서 목소리도 크게 못냈다고 한다. 그러면서도 내년에 다시 도전해보겠다고 했다. 그 모습이 나에게는 놀랍고 기특했다. 그러나 대가는 있었다. 선거를 치르는 동안 중간고사가 있었는데 처음 나가보는 부회장 선거에 치중했던 재웅이는 고등학교의 첫 번째 중간고사에서 좋은 성적을 내지 못하고 말았다. 1등으로 들어왔는데 첫 시험에서 미끄러지니 재웅이는 어느 때보다 큰 충격을 받은 듯했다.

사실 고등학교에 들어와서 치르는 첫 시험은 매우 중요하다. 첫 학기, 첫 시험에 대한 선생님과 부모님, 친구들의 관심 또한 대단하다. 첫 중간고사에서 성적이 올라 주목을 받게 되면 공부에 대한 자신감이 생겨 더 노력할 가능성이 높다. 반대로 간혹 우수한 성적으로 입학한 아이가 한 번 성적이 떨어졌을 뿐인데 공부와 아주 멀어지게 되는 상황도 발생한다. 이것은 실력이 없어져서가 아니라 첫 학기, 첫 중간고사는 별로 중요하게 여기지 않고 쉽게 생각해 시험을 치르기 때문이다. 그렇게 첫 단추를 한 번 잘못 끼우고 나면 그것이 바로 자신감 상실로 이어지고, 아이는 공부와 멀어지게 되는 것이다. 그래서 엄마들은 이런 소리를 듣는다.

"개 있잖아. 중학교 때 공부를 그렇게 잘하던 애가 고등학교 가더니 맥을 못 춘대."

중학교 때 잘하던 아이가 갑자기 고등학교에 올라가자마자 그렇게 못할 리는 없겠지만 첫 시험에 그다지 비중을 두지 않고 공부를 덜 하기 때문이라고 생각한다. 그런 점을 우려해 재웅이에게도 많은 격려를 보냈고 잘하고 있다는 자신감을 불어 넣어주는 것에 많은 마음과 시간을 쏟았다.

비결은 학교 수업, 시험문제는 선생님이 낸다

이 시기에 주의할 점이 또 하나 있다. 엄마들은 바쁜 마음에 지나친 의욕으로 학기 초에 자녀를 데리고 좋은 학원, 좋은 선생님을 찾아다니는 것에 시간을 보내는 경우가 많은데 중요한 시험을 앞두고 자녀들이 혼돈에 빠지기 쉽기 때문에 자제하는 것이 좋다. 선생님이 이런 말을 한 적이 있다. 아이들이 본질을 모른다는 것이다. 시험은 담당교사인 내가 내는데 정작 내 수업시간에는 잠만 자고 학원에서 열심히 시험 공부를 한다는 것이다. 아이가 시험을 잘 치를 수 있도록 하는 방법은 이런 사실을 자녀들에게 잘 인식시키는 것이다. 첫 중간고사가 왜 중요한지 아낌없는 조언을 해주어서 아이들이 스스로 시험에 대해 생각해보도록 해야 한다. 모르는 것이 있다면 담당 선생님을 찾아가서 자꾸 질문을 해야 한다.

지인 중에 슬하에 부장판사 아들을 두신 분이 있다. 얼마나 겸손하신지 사람들에게 자랑 한 번 안 하셔서 아무도 몰랐을 정도였다. 아이 공부를 어떻게 시켰냐고 물었더니 제일 먼저 하는 말씀이 학원에는 안 보냈다는 것이었다. 그분의 비법을 들어보니 첫째, 일찍 자고 새벽에 일어나는 것이고, 둘째, 엄마가 옆에서 음식 챙겨준답시고 아이 공부하는 데 방해하지 말라는 것이다. 또 시험 문제는 학교 선생님이 내는 것이니 수업시간에는 무슨 일이 있어도 졸거나, 딴짓을 해서는 안 되며 집중하는 것이 최고의 성적을 내는 길이라고 조언해주셨다. 역시 답은 간단했다.

재웅이를 봐도 그러했고 많은 분들이 입을 모아 말하는 시험 잘 치르는 가장 빠른 길은 바로 학교 수업에 충실하는 것이라고 말한다. 아이마다 다르겠지만 늦게까지 공부하고 자는 습관보다는 일찍 자고 새벽에 일어나 공부하는 것이 상당히 효과적인 것 같다. 다가오는 큰 시험에 대비하려면 미리부터 습관을 바꾸는 게 중요하다.

첫 중간고사를 놓친 재웅이는 많이 힘들어했지만 나는 재웅이를 믿었다. 그동안 어려운 상황에서 좌절하지 않고 긍정적으로 이겨내 다시 공부를 시작해왔기 때문에 새로 시작하면 된다는 생각이 들었다. 지금 재웅이게 필요한 것은 힘과 용기였다.

그 즈음 한 신문사에서 전화가 왔다. 좋은 성적으로 학교에 입학한 재웅이의 공부 과정을 취재하고 싶단다. 그러나 타이밍이 어찌 이런 것인지……. 중간고사 성적이 좋지 않아서 찍을 수 있는 상황이 안 된다며 정중히 거절했다. 그러나 그 기자님은 포기하지 않고 기말고사 때 성적이 오른다면 꼭 전화를 달라고 부탁했다. 자극을 주기 위해 재웅이에게 신문사에서 전화가 왔었다는 이야기를 해주었다. 재웅이는 그 기자님과의 약속을 듣고는 무섭게 공부하기 시작했다. 독서실에 가서 다시 새벽 2시까지 공부하고 돌아왔다.

재웅이는 한 번 공부를 시작하면 무섭게 파고드는 집념이 있었다. 학교에서는 친구들과 잘 어울리며 웃고 놀았지만 집에 와서는 죽은듯이 공부만 했다. 기말고사가 끝난 후 기자님의 요청에 의해 시험 점수 확인 차 담임선생님과 면담을 했다. 전 과목이 거의 100점에 가까운 점수를 얻어 당당히 전교 1등으로 이름이 올라와 있었다. 담임선생님은 중간고사를 놓친 재웅이가 기말고사에서 높은 성적을 나타내는 것에 대해 많이 놀랐다고 한다. 집념이 강한 아이 같다고 칭찬을 아끼지 않았다. 재웅이는 '우리 학교 공부스타'로 소개가 되었고, 곧이어 「공부의 신」이라는 방송에서도 재웅이의 이야기를 취재했다.

1학년인 재웅이의 고등학교 생활은 큰 의미가 있었다. 흥분과 설레임으로 시작한 고등학교 생활의 첫 시험이어서 그랬는지 충격을 받았지만, 다시 잘할 수 있다는 집념을 기말고사에서 보여준 것이다. 그 동안의 어려움을 뚫고 자신과의 싸움에서 이긴 것을 칭찬해주는 기사들이 신문에 나오면서 많은 이들에게 이름이 알려졌고 재웅이는 한 걸음 더 성장했다.

공부보다 중요한 열정과 보람

고등학교 2학년이 되면 정말 바빠진다. 1학년은 적응 기간이고 3학년은 입시 공부로 다른 곳에 눈 돌릴 새도 없으니, 2학년은 그야말로 고교 생활의 절정기다. 그래서 학생부에 기록될 모든 활동이 2학년 때 많이 이루어진다. 또한 그 덕분에 성적이 가장 위태로운 시기이기도 하다.

재웅이는 중학교 때처럼 학교 임원인 안전지킴이 역할을 맡아 한 달에 한 번씩 일주일 동안 교문 앞에서 선도하는 일과 동아리 활동을 했다. 그중에서도 자신의 가장 큰 관심 분야인 과학동아리 활동에 적극적이었다. 동아리 성과를 위한 레포트를 쓰느라 밤을 새우는 일이 많았다. 학교 공부에 소홀해질까 걱정될 정도였다.

한번은 과학동아리 실험대회와 시험 기간이 겹쳤다. 그러나 시험보다 실험대회에 더 많은 시간을 할애하며 실험대회에만 몰두했다. 재웅이의 장점이자 단점, 한 가지 일에 집중하면 그 일이 끝나야만 직성이 풀리는 집요함이 시작되었다. 대회에 나가 상은 받았지만 시험공부에 집중하지 않았던 탓에 내신은 미끄러졌다. 두 마리 토끼를 잡을 수는 없었다.

중학교와 달리 대학 수시전형에 결정적인 역할을 하는 내신이라 만회하려면 더 많은 노력이 뒤따라야 했다. 아쉽긴 했지만 곧 생각을 바꿨다. 내신은 놓쳤지만 실험대회를 준비하던 열정과 보상받았을 때의 기쁨을 얻었기 때문이다. 이것은 귀하고 값진 경험이었다. 학교에 다니면서 좋은 성적을 얻는 것 말고도 중요한 것은 아주 많다. 머릿속으로 항상 '1등의 범생이보다는 2등의 사회성 있는 사람으로 키우자'라는 생각을 하며 공부와 과외 활동의 균형을 잘 맞출 수 있도록 했다.

특히 봉사활동을 많이 하도록 권했다. 일주일에 한 번씩 병원에 가서 할머니, 할아버지들과 함께 하면서 재웅이는 이전에 알지 못했던 많은 감정을 배우고 느꼈다고 했다. 방학에는 중학교 때부터 해오던 봉사활동에 참여했고 학부모 참여로 실시하는 육아원 봉사에도 참여했다. 또 용돈을 모아서 어려운 아동을 위한 성금으로 매달 보내고 있다. 진정한 교육이란, 삶의 현장을 체험하고 어려운 이웃과 함께 나누는 법을 배우는 것이기에 바쁜 시기지만 재웅이에게 반드시 알려주고 싶었다. 점수에 목숨 걸고 성적만을 위한 3년을 보내게 하고 싶지 않았다.

재웅이도 열심히 따라와줬다. 엄마가 추천하는 사회활동도 열심히 했고 자신의 하루 계획에 따라 자기주도적 학습을 게을리하지 않았다. 전교 1등은 아니지만 엎치락 뒷치락 하면서도 최상위권을 항상 유지하며 학교의 모든 활동에 적극 참여해 많은 상을 받았다. 긍정적으로 무엇이든 열심히 하니 좋은 일이 이어졌다.

고등학교에 올라와 인터뷰를 하게 됐을 때 '존재감이 있는 학생이 되고 싶다'는 말을 한 적이 있었는데, 재웅이의 소망은 금세 이루어졌다. 수기 공모전 당선으로 인해 재웅이의 공부 이야기와 엄마의 공부법이 TV와 방송, 잡지에 소개되기 시작하면서 그 꿈을 이룬 것이다. 생각지도 못했던 일들이 일어났다. 말과 희망의 위력은 대단한 것이었다. 우리가 한 번 뱉은 말은 우주에서도 사라지지 않고 계속 맴돈다고 한다. 기왕이면 아이들에게 좋은 말을 해서 좋은 일을 많이 만들어주도록 해야 한다. 긍정적인 말은 돈 한 푼 들이지 않고도 나와 내 아이를 행복하게 만든다. 재웅이에게 다가온 행운은 우리의 일상을 바꾸었다. 나는 인천시 교육청의 학부모 강사로 초빙되어 활동하는 기회를 얻었다. 평소 강의를 해보고 싶다는 꿈을 막연하게 갖고 있었는데 정말 강의를 할 수 있게 된 것이다.

많은 엄마들을 만나고 상담을 했다. 자녀를 키우는 부모로서 이야기하다보면 많은 감정을 나누고 공감하게 된다. 돈을 버는 것보다 더 큰 성취감을 느꼈다. 공부를 하고 싶다는 새로운 꿈도 품게 되었다. 자식을 키워본 입장에서 어려움을 겪는 많은 사람들에게 조언하고 헌신하고 싶다는 사명감도 들었다. 나의 인생 목표가 아이들 덕분에 바뀐 셈이다.

재웅이 또한 많은 인터뷰들을 하며 자기 자신을 돌아볼 수 있었다. 무엇을 위해 공부를 하는지 더 넓은 시야와 생각을 갖게 된 것이다. 좋은 대학만을 위한 맹목적인 공부에 끌려가는 것이 아닌, 원하는 길을 가기 위해 공부를 자기 것으로 만든 것이다.

자녀교육은 연습이 없다

● ● ●

시간은 정말 빠르게 흘러갔다. 엊그제 고등학교에 입학한 것 같은데 어느새 입시 막바지인 고등학교 3학년이 되었다. 돌이켜보면 매순간 최선을 다한 것 같은데 자녀교육에 한해서 너무 아쉬운 점이 많다. 부모로서 실수투성이고, 아이에 대해 미안한 점도 많다. 상담을 하면서 많은 엄마들과 이야기해보면 모두들 아이를 키운다는 것은 정말 힘들다고 입을 모은다. 나 역시 그렇다. 아무래도 아이들을 키우는 것은 인생을 사는 것처럼 연습이 없기 때문일 것이다. 그래서 종종 엄마들은 이렇게 말한다. 지금 새로 아이를 낳아서 키운다면 잘 키울 수 있을 것 같다고. 우스갯소리로 한 번씩 해보는 말들이지만 그저 농담만은 아니었을 것이다.

짧지 않다고만 생각했던 시간이 금방 지나갔다. 특히 고등학교 1학년 때부터는 세월이 두 배로 빠르게 지나간 것 같다. 모든 학년이 다 같겠지만 고등학교 3학년의 엄마들은 이제 머리라도 싸매고 자녀들에게 시위하고 싶은 심정이 될 것이다. 제발 이번 시험만큼은 있는 힘껏 최선을 다해달라고 말이다. 그러나 고3이 누구인가? 경찰도 고3은 건드리지 말아야 한다는 말이 있지 않은가? 극도의 스트레스를 받는 당사자들이기 때문에 엄마들은 이 눈치, 저 눈치 봐가며 살얼음판을 걷듯 매사 조심스럽다.

그러나 시험 공부로 예민해진 아이의 눈치를 보는 경우는 그나마 다행이다. 고3인데도 공부는커녕 공부에 대한 스트레스도 없이 항상 여유 있는 표정이라면 그게 더 큰일이다. 고3의 간절함이 없는 것이다. 엄마들은 그래도 고3이 되면 죽자사자 공부를 할 것이라 믿었다. 그러나 믿는 구석이라도 있는 것인지 아이들은 말 그대로 배짱을 부린다. 차라리 대신 공부하고 대신 대학에 가고 싶을 정도다. 조언을 하면 잔소리로 알아듣는 아이들의 항변이 이어진다.

"나도 공부하고 싶고 대학 가고 싶은데, 몸과 마음이 뜻대로 안 되는 걸 나더러 어쩌라고!"

자신도 답답하니까 건드리지 말아달라고 호소한다. 부모나 아이들이나 이리저리 답답하고 힘든 1년이 시작된 것이다.

　모든 고3 엄마들의 가장 큰 목표는 아이가 원하는 대학에 꼭 들어가는 것이다. 그러나 실제로는 마냥 바라만 보고 있다가 정작 고3이 되면 당황해서 여기저기 뛰어다니게 된다. 뒤늦게 현실을 깨닫기 때문이다. 내 아이를 보내고 싶은 높은 점수의 대학만 생각하다가 고3이 되면 수능 등급과 커트라인이 정해지면서 선생님들에게 모진 소리를 듣는 것을 피할 수가 없다. 그제서야 정신이 번쩍 드는 엄마들이 많다. 엄마뿐만 아니라 학생들도 마찬가지이다. 내 점수에 맞는 학교를 찾느라 분주해지고 정신이 없다. 그때부터는 이미 학교 선택의 폭이 좁아진다.

　엄마들 사이에 이런 농담이 있다. 엄마는 아이가 유치원에 가면 대한민국에 서울대 하나만 있다고 생각하고, 초등학교에 가면 서울대, 연대, 고대 세 개만 있다고 생각하고, 중학생이 되면 서울에만 대학이 있다고 생각하며, 고등학생이 되면 지방에도 대학이 있었다는 것을 알게 된다. 그리고 고3이 되면 사이버대학을 알게 된다고 한다. 현실을 빗대어서 누군가 재미있게 풀이한 것인데 많은 사람들이 고개를 끄덕일 것이다.

　나 또한 수험생의 엄마가 되어보니 예외는 아니었다. 대학 입시 설명회에 참석하고, 많은 입시 관련 책과 자료를 찾아보고 많은 선생님들에게 얘기를 들었어도 아이가 고3이 되기 전까지는 실감이 나지 않았다. 수시다, 정시다, 내신 관리에 모의고사 점수까지, 1,2학년 때와는 차원이 다른 압박을 받게 된다.

중요한 것은 부모님들이 관심을 갖고 아이와 함께 등급 관리를 철저하게 하면서 1학년 때부터 적성과 성적에 맞는 대학을 찾아두는 것이다. 그런데 생각보다 하위권 대학만이 찾아진다면 더 좋은 대학에 가려는 마음에 열심히 노력하게 된다. 그러나 막연히 시험 때마다 그저 시험을 잘 치르면 되겠지, 다음 시험은 잘 되겠지, 하고 생각만 하다보면 어느새 아이는 고3이 되어버린다. 나름 시험에도 관심이 있었고 열심히 눈뜨고 있다고 생각했는데 결국 아는 것이 아무것도 없는 상태만 남게 된다.

성적 관리와 모의고사 점수 관리도 중요하지만 한 가지 더 중요한 것이 있다. 생활기록부에 올라가는 비교과 영역이다. 에듀팟과 포트폴리오는 아주 중요하다. 에듀팟은 고등학교 1학년 때부터 차근차근 준비해야 한다. 에듀팟은 자녀가 학교를 다니는 동안의 전반적인 모든 것을 기록하는 것인데, 아이들은 공부를 하느라 또 잘 몰라서 챙기지 못하는 경우가 많다. 주말에 자녀와 엄마가 함께 의논해 일주일 동안 학교에서 있었던 특별한 사항을 저장하고 담임선생님에게 인증받아야 한다. 한꺼번에 하려고 하면 날짜나 시간의 기록이 밀리고 겹쳐서 복잡한 일이 생긴다. 학교 동아리 활동, 수상 기록, 리더십 관련 활동, 소풍, 대회 등 모든 것을 하나도 빼먹지 말고 기록해야 한다.

다음으로 중요한 것은 독서기록이다. 고등학교 3학년이 되면 책을 읽을 시간이 없다. 책을 읽고 독후감을 작성해 기록해두어야 한다. 대학가는 것에 필수 조건이지만 공부에 신경을 쓰다 보니 잘 모르고 지나친다.

당부하고 싶은 것은 대학에 합격하는 것이 끝이 아니라, 대학에 간 이후가 더 중요하다는 사실이다. 성인이 되면 자신의 행동과 삶을 책임져야 한다. 우리 부모의 역할은 그 이후의 삶을 잘 헤쳐나가도록 자녀를 이끌어주고 가르쳐주는 것이다.

재웅이 또한 마라톤의 도착점만을 남겨둔 채 막판 스퍼트를 내고 있다. 꼴찌 대열에 있다고, 바보로 놀림받으며 살아왔던 재웅이가 전교 1등 재웅이로 180도 바뀔 수 있었던 것은 포기하지 않는 마음과 긍정의 힘이다. 또한 부모의 믿음이 재웅이에게 큰 힘이 되어주었을 것이라 생각한다. 큰 변화를 이끌어낸 재웅이가 앞으로도 여러 단계를 거치며 변화해 자신이 원하는 삶을 만들어갈 것임을 믿는다.

수기 공모전 입상으로 희망을 전파하다

· · ·

어느 날 잠을 자려고 누웠는데 문득 재웅이가 다니는 고등학교 홈페이지에 들어가고 싶은 충동이 일어났다. 무엇인가 있을 것 같은 직감이 들었다. 옆에 있던 지나에게 재웅이의 학교 홈페이지에 들어가 보자고 했다.

"엄마, 지금 시간이 몇 신데. 내일 봐."

"아냐, 엄마는 지금 보고 싶어. 한번 들어가봐."

지나는 나를 몇 번 설득하다 마지못해 컴퓨터 전원을 켰다. 딱히 보려고 정해놓은 것이 없었기에 게시판에서 새 공지라도 떴는지 딸에게 한번 살펴보라고 했다. 지나는 딸각거리며 마우스를 움직이는가 싶더니 갑자기 나를 홱 돌아봤다.

"엄마, 이거 봐봐. 이거 엄마가 쓰면 딱인데?"

자세히 읽어봤더니 교육과학기술부와 평생교육진흥원에서 주관하는 '사교육에 의존하지 않고 자녀 교육하기·공부하기 수기 공모전'을 개최한다는 공지였다. 상금이 최우수상 100만 원, 우수상 50만 원이나 되었다. 순간 대학교 4학년인 딸아이의 마지막 등록금이 생각났다. 학자금 대출을 걱정하고 있던 터라 1등 해서 100만 원을 받을 수 있다면 학비에 큰 보탬이 될 것 같았다.

"에이, 근데 엄마 못하겠다. 이거 내일이 마감이야. 아쉽다."

한 달 동안 접수를 받고 있었는데 학교 홈페이지에 안 들어가봐서 지금껏 몰랐던 것이다. 나는 마음이 급해져 노트와 볼펜을 찾아 방바닥에 주저앉아 글을 쓰기 시작했다. 한참 뒤에 딸이 뒤돌아보더니 깜짝 놀라며 물었다.

"엄마 지금 뭐해?"

"응, 상금 100만 원 타려고."

고개도 들지 않고 집중하는 내 말에 지나는 깔깔 웃어댔다.

"엄마 진짜 내려고? 당장 내일이 마감인데…… 엄마 글 써봤어? 진짜 쓸 거야?"

"너희들 키운 이야기 쓰면 돼. 그래서 수기인 거야."

그동안 많은 엄마들을 만나서 아이들 이야기를 해주며 함께 공감했었다. 그 이야기를 쓰면 된다고 생각했다. 새벽까지 쉬지 않고 글을 써서 이튿날 비몽사몽 겨우 글을 보냈다. 늦게 낸 만큼 기다림이 짧아 결과를 빨리 알 수 있었다. 아쉽게도 최우수상은 받지 못했지만 우수상을 받았다. 너무나 기뻤다. 아이들의 이야기로 전국대회에서 상을 받다니. 엄마로서 인정받은 기분이었다.

"엄마 정말 대단해! 축하해!"

가족들은 진심으로 축하해주었고 나는 새삼 잘 자라준 아이들을 바라보며 세상에서 가장 행복한 엄마가 되었다. 내 인생은 그 순간 서서히 바뀌기 시작했다. 상상하지도 못했던 새로운 길이 내 눈앞에 열리기 시작했다. 내가 꿈꾸어왔던 일들이 현실이 되었다. 나의 간절한 소망은 이제 남은 일생 동안 자녀를 키우는 엄마들에게 희망의 메시지를 안겨주는 것이었다.

공부 대신 잠재적 재능을 살리다!
큰딸 지나의 이야기

고등학생인 재웅이가 제일 부러워하는 사람은 바로 누나다. 자신처럼 죽기 살기로 공부하지 않아도 재능을 살려 남들이 부러워하는 꿈을 이루어 가고 있기 때문이다. 큰 딸 지나는 공부에 재미를 느낀 재웅이와 정반대로 공부가 아닌 미술에 재미를 느꼈다. 생각해보니 재웅이의 어린 시절과 지나의 어린 시절은 어찌나 그렇게 정반대인지 누가 이야기를 꾸며 놓은 것 같을 정도다.

재웅이는 엄마 없는 아이로 오해를 받을 만큼 방치된 채 자랐지만, 지나는 동네 사람들이 다 알 정도로 온 가족과 친척들의 관심 속에서 자라났다. 감기만 걸려도 내 호들갑에, 외할머니가 대구에서 매번 한걸음에 달려올 정도였다. 지나 옆에 붙어서 온종일 함께 놀았으며 매 순간 사랑과 정성을 쏟았다. 힘든 시절을 지나며 그런 지나의 어린 시절을 까맣게 잊고 지냈는데 재웅이의 공부법이 방송으로 알려지자 방송국에서 재웅이의 어린 시절 사진을 좀 보내달라는 요청이 있었다. 재웅이의 어린 시절 사진을 찾는데 필요한 재웅이의 사진은 보이지 않고 계속 지나 사진만 나오는 것이었다. 그 사진들을 보니 사업에 실패하기 전 평온했던 시절의 생각이 떠오르고 짧은 시간 동안 이렇게 많은 변화를 겪었다는 생각에 만감이 교차했다.

지나의 초등학교의 입학 통지서를 받던 날을 잊을 수가 없다. 입학 통지서를 받고 이제 나도 학부모가 되었다는 묘한 생각에 눈물을 흘렸다. 지나의 초등학교 입학식은 우리 집안의 기념일이었고 축제였다. 한 달 전부터 가슴이 두근거렸다. 그렇게 사랑스러울 수가 없었다. 한글을 모르고 학교에 들어간 재웅이와 달리 하루 종일 옆에서 함께한 덕에 지나는 한글도 미리 깨우쳤다. 받아쓰기는 항상 100점을 받아왔고, 글씨를 어찌나 바르고 예쁘게 쓰는지 항상 선생님의 칭찬과 사랑을 받았다. 성적도 늘 [수]와 [우]로 채워진 우등생이었다.

나의 가장 큰 바람은 공부를 못해도 괜찮으니 다만 건강하게 자라주는 것이었다. 그러나 공부를 못해도 된다고 생각했던 내 생각과 상관없이 지나는 공부를 곧잘 했다. 상도 수십 개가 될 정도로 많이 받았다. 초등학교 3학년 때는 반에서 1등도 했다. 수학을 잘해서 4학년 때는 수학경시대회에서 4등을 했으며, 2주에 한 번 리더십캠프에 참여해 여기저기 견학을 다니고 일본에도 다녀오는 등 다양한 생활을 맛봤다. 재웅이와 정반대의 삶이었던 것이다.

재미있는 것은 어릴 때부터 "공부를 안 해도 되니 건강하게만 자라다오"라던 나의 말과 반대로 지나는 공부를 잘했는데 결국 공부와는 거리가 먼 아이가 되었고, 재웅이는 한글도 모르고 공부가 바닥이어도 "너는 앞으로 공부를 잘하게 될 거야"라며 입버릇처럼 얘기한 결과 정말 공부를 잘하게 되어 많은 사람들에게 알려지게 되었다는 것이다. 두 아이의 성장 과정을 보면 사람은 생각하는 대로 살아진다는 진리에 때때로 놀란다.

지나는 온순하고 착했다. 선생님들마다 지나를 보며 어떻게 저렇게 바른 아이로 키울 수 있냐며 칭찬을 아끼지 않았다. 친구들에게도 인기가 많아 반장, 부반장을 자주 했다. 평소 선생님 말씀으로는 체육시간에 운동도 잘 못하는데 서로 자기편으로 만들려고 양쪽에서 잡아당겨 지나의 팔이 빠질 뻔했을 정도라니, 이런 지나를 누가 반장으로 안 뽑아주겠는가. 지나는 엄마인 내가 봐도 놀랄 정도로 착했다.

어릴 때 같은 동네에 삼총사처럼 친한 친구들이 있었다. 정말 우스운 이야기이지만 하루는 삼총사 중에 한 친구의 엄마가 나를 찾아와 지나가 자신의 아이하고만 놀았으면 한다고 부탁을 했다. 그런데 그 이튿날 삼총사 중 또 다른 친구의 엄마도 찾아와서 똑같은 부탁을 하는 것이다. 황당하기도 하고 난감해서 두 사람을 외면했는데 시간이 지나자 이제는 지나를 따돌리기 시작했다. 매일 삼총사가 같이 다니다가 지나 혼자만 떨어져 다니는 걸 보고 속상해서 어느 날 지나에게 물었다.

"지나야, 저 둘이 너랑 같이 안 놀아주는 것 같은데 마음 상하지 않아?"

"아니야, 엄마. 그동안 나랑 많이 친했으니까 이제 둘이서 친하게 지내야지."

그 소리를 듣고 지나가 큰 상처는 받지 않았구나 하는 생각에 안도했지만 얘는 대체 누구를 닮아서 이런 마음을 가진 건가 싶어서 참으로 신통한 생각도 들었다.

하마터면 발견하지 못했을 지나의 재능

이렇게 초등학교 시절까지 남부럽지 않게 자란 지나가 6학년이 되었을 때 집안에 위기가 닥쳐 여태까지 겪어보지 못한 완전히 다른 삶을 살게 되었다. 가정 형편이 어렵게 되자 지나는 재웅이보다 더욱 방치되기 시작했다. 지나와 재웅이는 6살 터울이었기 때문에 그나마 어린 재웅이는 아빠와 누나가 보살폈지만 지나는 조금 컸다는 이유로 신경을 덜 써서 정말 어떻게 학교에 다녔는지 알 수가 없었다.

워낙 투정을 안 해서 용돈을 한 번 제대로 주거나 옷도 사준 적이 없을 정도로 말이 없었다. 당시 남들이 다 가지고 있는 휴대폰도 사달라고 하지 않았다. 그러나 말이 없다고 힘들지 않겠는가. 중학교 시절은 지나에게 있어서 가장 힘든 시간이었을 것이다.

아직도 가슴이 아픈 것은 지나의 중학교 졸업식에 참석을 못했던 일이다. 가족과 찍은 졸업식 사진이라고는 아빠와 찍은 단 한 장뿐이었다. 그 당시 돈을 벌기 위해 지방에 가 있기도 했지만 움직일 때 마다 항상 빚을 받으러 다니는 사람들이 쫓아 다녔기 때문에 좋은날에 아이 학교까지 와서 난리를 칠까봐 가지 못했다. 그 사실을 모르는 지나는 지금도 가끔씩 그 서운함을 드러낸다. 친구들 앞에서 엄마가 오지 않아 민망하고 슬펐던 것 같다. 지금도 그 생각을 하면 딸이 얼마나 속상했을까 하는 마음에 가슴이 미어진다.

초등학교 때까지 공부를 잘했던 지나의 성적은 중학교에 들어가면서 급격한 환경의 변화로 서서히 떨어지기 시작했다. 친구들 모두 학원에 다녔기 때문에 학원에 다니지 못하는 지나에게 공부하라고 강요할 수도 없었다. 어느 날 집으로 돌아오는데 지나 친구 엄마를 만났다. 서로 인사를 하고 나니, "지나 내일부터 시험이죠? 시험공부 잘하고 있나요?"라고 물었다. 순간 당황했다. 전혀 몰랐기 때문이었다. 애들 시험을 목숨처럼 아는 엄마들 입장에서 보면 얼마나 한심했겠는가. 아는 듯 모르는 듯 애매한 대답을 하고는 집으로 돌아왔다. 지나는 늦은 밤이었는데도 드라마를 시청 중이었다.

"지나야 내일 시험 치니?"

"응, 엄마."

"그렇구나. 그런데 내일 시험인데 책한테 좀 미안하지 않을까? 한번은 보고 시험 치러야지."

전과 다르게 시험에 관심을 보이는 엄마를 한 번 쳐다보고는 씩 웃는다.

"엄마도 참. 시험은 기본 실력!"

지나가 말하는 기본 실력이라 함은 초등학교 때 공부 잘했던 것을 가지고 중학교 때까지 울궈먹는 것이었다.

"지나야, 그 기본 실력만 믿으면 갈수록 한계가 드러나. 그렇게 해서 고등학교에 올라가면 정말 까막눈 돼."

그래도 지나는 드라마를 보며 재밌다고 깔깔 웃어댔다. 얘기하다가 결국 나도 함께 TV를 보며 웃고 말았다. 지나는 자신의 말대로 기본 실력을 발휘해 높지는 않지만 낮지도 않은 점수를 받아왔다. 지나의 친구 중 한 아이는 엄마에게, 자기는 학원에 다니고 밤낮 공부해도 중간인데, 지나는 공부도 안 하고 매일 놀기만 하는데 시험 치면 자기랑 비슷한 점수가 나오는 게 도저히 이해가 안 된다고 한 적도 있었다. 그 친구의 엄마는 지나가 어릴 때 기초를 튼튼히 다져서 가능한 거라고 답해줬다고 한다.

그 엄마의 말이 정말 맞는 것 같다. 그러나 중간이든 아니든 공부를 안 하는 것은 마찬가지라 친구 엄마들한테 지나는 달갑지 않은 친구였다. 하루는 "엄마, 선영이 엄마가 나 공부 안 한다고 선영이를 못 만나게 해서 밤 늦게 몰래 학원가서 잠깐 얼굴 보고 왔어" 하는 것이었다. 속으로 참 별난 엄마가 다 있다고 생각했다. 좋은 친구를 잃지 않는 것이 아이들에게 중요한 일 아닐까? 이렇듯 지나는 학교가 끝나면 다른 친구들의 학원이 끝날 때까지 혼자였다. 늘 시간이 많아서 뭐든 보고 시간 때우는 것을 좋아했다. 어릴 때부터 동화책을 좋아해서 이야기를 좋아했다. TV를 끼고 살았고 만화책과 소설을 즐겨 읽고 영화도 많이 봤다. 후에 생각해보니 지나의 창의성이나 창작열은 그때 놀면서 이것저것 많이 보고 읽고 느낀 것들 덕분이 아닌가 싶다.

어느 날 출근을 하다가 지나 책상 위에 쌓여 있는 그림을 보았다. 종이를 헤치며 들여다보니 깜짝 놀랄 만큼 잘 그린 그림들이었다.

"지나야, 이거 누가 그린 거야? 네가 그렸어?"

"응. 내가 심심해서 그린 건데. 참 엄마, 교회 언니가 나보고 그림 잘 그린다고 디자이너가 되래."

그제서야 나는 지나에게 예술적 재능이 있다는 것을 깨달았다.

"지나야, 엄마는 네가 이렇게 그림을 잘 그리는 줄 몰랐어."

미술학원에 다닌 적도 없고 엄마나 아빠는 그림 그리는 것에 영 소질이 없는데 이런 재능을 갖고 있다니, 정말 신기한 노릇이었다. 나는 그 그림을 달라고 해서 매일 가지고 다니며 우리 아이가 그린 그림이라고 자랑을 해댔다. 우리 형편이 나빠지지 않았다면 지나는 계속 공부를 했을 것이고 그럼 그림을 잘 그리는지 못 그리는지도 모르고 지나갔을 것이다. 아이가 시간이 남아돌아 심심해서 그린 그림을 보고 나서야 딸이 가진 재능에 대해 처음으로 생각하게 되었다. 초등학교 때 그림을 곧잘 그려 상을 타오는 것은 선생님께서 지나를 예쁘게 생각해 골고루 주시는 상이라 생각했다. 지나 친구 엄마들이 가끔 "지나가 학교에서 그림을 잘 그린다면서요?"라고 해도 귀담아 듣지 않았다. 그림과 음악, 예술적 기질은 부모를 닮는다는 고정관념 때문이었다.

실업계 고등학교에 갈래요

지나는 혼자 있는 시간에 항상 그림을 그렸고, 어느새 진로를 미술로 생각하며 꿈을 키우고 있었다. 중학교 3학년이 된 지나가 생각지도 못한 말을 던졌다.

"엄마 나 고등학교 실업계로 갈 거야."

당시에는 실업계라면 '공부를 못해서 인문계에 못 들어가는 아이들이 가는 곳, 대학에 들어갈 수 없는 아이들이 가는 곳, 소위 노는 아이들이 가는 곳'이라는 인식이 널리 퍼져 있을 때였다.

"인천 디자인고등학교라는 곳이 있는데 거기 가면 전문적으로 디자인을 배울 수 있다는 거야. 그리고 대학은 그쪽 분야로 가면 되는 거고."

난 정말 깜짝 놀랐다. 애가 집안 형편이 어려우니 대학을 포기하려고 그러는 게 아닌가 하는 마음에 일단 달래보았다.

"지나야, 너 고등학교 가면 엄마가 돈 많이 벌 거야. 그땐 걱정 안 하고 공부해도 되는데 왜 실업계에 가려고 해."

"내가 다 알아봤는데 좋은 학교래. 그리고 전문 디자인 학교래. 우리나라에 그런 학교 2개밖에 없어. 부산하고 인천하고. 나 거기 가서 디자인 열심히 배워서 꿈을 키울 거야.”

차근차근 하는 말을 들어보니 다행히 집 때문에 희생해서 가려는 마음이 아닌 것을 알게 되었다.

“오늘 학교에서 선생님이 ‘실업계 갈 사람?’ 하고 물었는데 애들이 창피해서 아무도 손을 못 드는 거야. 그래서 내가 손을 쭉 펴서 크게 들었어. 실업계 가는 게 뭐가 창피해? 꿈을 찾아 가는 건데.”

자신만만한 딸이었다. 들을수록 확신과 믿음이 생겼고 지나가 직접 알아보고 결정한 고등학교의 입학을 허락하기로 했다. 오히려 지나가 대견스러워졌다. 그러나 소식을 들은 지나 친구 엄마들은 나를 이상하게 생각하며 난리가 났다. 지나와 놀던 아이들은 모두 당연히 인문계를 바랐기에 더 난리들이었다. 아이를 실업계에 보내면 어떻게 하냐며 나를 나무랐다. 더군다나 집에서 남편의 반대는 더 심했다. 실업계에 가서 친구라도 잘못 사귀면 어쩌냐는 것이었다. 다른 것에 관대한 남편은 딸에 대한 것이라면 아주 야단이었다.

그러나 나는 생각이 달랐다. 똑같은 공부를 하면서 3년이라는 시간 동안 자신의 재능도 훈련시키고 꿈을 키우는 것에 한 걸음 먼저 다가가니 더 좋은 일이 아닌가? 그리고 무엇보다 더 중요한 것은, 딸이 그토록 원하지 않는가. 나는 딸을 지지하며 남편의 마음을 돌리기 위해 계속 설득했고 결국 지나의 바람대로 인천 디자인고등학교에 합격해 입학하게 되었다.

고등학교 3년이 너무 행복하고 즐거웠어!

학교는 집과 아주 멀었다. 버스를 3번이나 갈아타야 했다. 지금은 개발되어서 버스가 많이 다니지만 지나가 다닐 때에는 변두리에서 다니는 차가 많지 않아 정말 불편했다. 그러나 지나는 한 번도 깨워주지 않았는데 새벽 5시에 일어나서 밥도 차려 먹고 결석 없이 잘 다녔다. 자기가 좋아하고 가고 싶었던 학교라서 그런지 불평 없이 즐겁게 다녔던 것 같다. 노는 아이들이 많을 것이라거나 공부를 안 하는 실업계일 뿐이라고 생각한 것은 기우였다. 학교 아이들은 공부도 잘하고 실력도 있는 아이들이었다. 대학에 잘 가기 위해 들어오는 아이들도 많았다. 남보다 한 발 더 깨우친 부모들이었다.

예상대로 지나는 잠재력을 발휘했다. 학교에서 축제 때마다 전시회를 하는데 최우수상을 받기도 했다. 예술적인 기질이 있었기 때문인지 지나는 공부보다는 여기저기 돌아다니며 경험하는 것을 좋아했고, 높지도 낮지도 않는 점수를 받아왔지만, 나는 걱정이 없었다. 오히려 분야와 관련된 것이 있으면 나와 함께 구경하러 다니기도 했다.

다른 친구 엄마들처럼 공부를 안 한다고 혼내는 것보다 부모의 잔소리 없이 하고 싶은 것을 다 해보고 느껴보는 것이 지나의 인생에서 훨씬 중요한 공부라는 것을 믿고 항상 지지해주었다. 나는 어릴 때부터 항상 지나 친구들에게 좋은 엄마, 멋있는 엄마였다. 지나 친구들은 엄마가 잔소리를 시작하면 "지나 엄마는! 지나 아빠는!" 하며 비교를

하니 부모님들이 "대체 지나 엄마가 누구야?"라는 볼멘소리를 하기도
했다. 부모들은 성장하는 아이들이 조금이라도 이상한 행동을 한다거
나 부모님 말을 거스른다거나 공부를 하지 않으면 부모님의 잣대에
올려놓고 아이들에게 판결을 내린다.

"너는 이것이 문제, 저것이 문제야!"

하지만 지나를 키우면서 얻은 경험을 말하자면 부모가 아이를 이해
하는 만큼, 자식은 삐뚤어지지 않는다. 부모 몰래 하려니까 아이들은
더 큰 호기심과 스릴을 느껴 사고를 치는 것이다. 부모가 자녀에게 자
유를 주면, 그러니까 멍석을 펴주면 오히려 엉뚱한 짓을 하지 않는다.
몰래 가출을 한다거나, 폭력을 휘두르는 일 같은 일탈 행동은 강한 압
박과 제약 속에서 더 도드라진다.

또 아이들이 공부를 안 하면 큰일이 날 것 같고, 세상을 못 살 것 같
아 끊임없이 잔소리를 해대지만 그렇게 하지 않아도 더 나은 길이 열
린다는 것도 깨달았다. 공부를 안 하는 아이들도 부모가 적극 이해해
주려 애쓰면서 끝까지 관심을 놓지 않으면, 나름대로 자기 장래를 걱
정하고 꿈에 대해 고민을 한다는 것이다.

지나의 성적표는 엉망이었다. 다른 과목도 그렇지만 제일 심각한
것은 수학과 영어였다.

"지나야 어쩌지? 4년제 대학에 가려면 수학과 영어를 어느 정도라
도 해야 한다는데 어떻게 안 되겠어?"

"엄마, 그럼 내가 수학이랑 영어 공부할게."

공부한다는 소리를 들은 것이 몇 년 만인지 모른다. 며칠 뒤 집에 가보니 지나가 친구와 공부를 하고 있었다.

"우리 학교에서 공부 제일 잘하는 친구야. 나 공부 가르쳐주려고 왔어."

사람은 다 자기 앞가림을 하게끔 태어난다고 하지 않았는가? 지나가 딱 그렇다고 생각했다. 그 친구에게 배우고 또 학교에 남아 친구들과 공부하며 이것저것 묻고 나름대로 열심히 한 결과 수학 점수가 무려 80점대까지 올랐다. 친구는 좋은 선생님이었다.

"엄마, 나는 3년 동안 학교를 다니면서 너무 재미있었고 너무 행복했어. 정말 이 학교 떠나기가 싫어."

대한민국의 어느 고3이 학교를 졸업하며 학창시절을 이렇게 이야기할까 싶은 생각이 들었다. 너무 감격스러워서 눈물이 나왔다. 아이 적성에 맞는 학교에 보낸 것이 얼마나 다행이었나 하는 생각이 들었다. 우리는 졸업식 날 학교 주변을 몇 바퀴나 돌고 또 돌았다.

장학금을 받으며 대학에 입성하다

● ● ●

지나는 수시전형에 합격해 장학금을 받으며 대학에 다녔다. 처음에는 미술학원의 입시전쟁을 거쳐 들어온 친구들이 많아 걱정을 했다. 그러나 3년 동안 고등학교 수업으로 미리 배웠기 때문에 다른 아이들보다 오히려 쉬웠다고 한다. 실업계였던 인천 디자인고등학교에서 공부한 것이 빛을 발하게 된 것이다.

지나는 대학생활 내내 주변에 자신을 필요로 하는 많은 사람들에게 재능을 나누며 살았고, 과제로 바쁜 와중에도 4년 내내 아르바이트를 해가며 생활비를 벌었다. 틈틈이 공모전에 도전하며 실패와 성공을 모두 경험하기도 했다. 어떤 해에는 8개의 공모전에서 연달아 상을 받기도 했다. 그때 지나의 예술적 재능을 보지 못했다면, 혹은 멀리 보지 못하고 억지로라도 공부라는 틀에 집어넣으려고 했다면, 오늘날의 지나는 없었을 것이다. 지나는 급격한 환경의 변화에도 흔들림이 없었다. 지나가 인정하는 나의 역할은 긍정적인 시각으로 먼 미래를 바라보며 재능을 믿어주었다는 것이다. 또한 자유롭게 활동할 수 있도록 지지해주었고 무엇보다 아이의 판단을 믿어준 것. 그것은 지나에게 큰 힘이 되었다.

지나는 자신의 꿈을 이루기 위해 지금도 열심히 노력하며 살아가고 있다. 앞으로 성공도 있고 실패도 있을 것이다. 그러나 그 와중에도 또 올바른 결정과 선택을 하며 삶을 배우고 살아갈 것을 믿는다.

《

갑작스런 사업 실패로 얻은 것이 절망만은 아니었다. 고되고 힘들기도 했지만 아이와 함께 매일 책상에 앉아 공부하던 그 시간들로 인해 모자간의 관계는 더욱 돈독해졌다. 어버이날을 맞아 예쁜 장미케익과 카네이션을 준비해 엄마를 기쁘게 해줄 만큼 재웅이는 이제 껑충 자랐다.

∧ 형편이 나빠지기 전에는 유치원 행사에 참여해 눈에 넣어도 아프지 않을 재웅이의 어린 시절을 열심히 사진에 담아두기도 했었다.

이제 고3이 된 재웅이는 초등학교 5학년 때 처음 공부를 시작하던 그때처럼, 여전히 목표하는 바를 종이에 적어 책상 앞에 붙여두고 공부한다. 여기저기서 얻어온 문제집들 역시 여전히 재웅이의 든든한 공부 자산이다.

>> 새로운 목표가 생길 때마다 그것을 잊지 않도록 종이에 적어 벽에 붙여두며 큰 소리로 읽곤 했다. 때론 엄마의 목소리로 파이팅을 외쳐주기도 했고, 멋지고 강력한 문구를 재웅이가 직접 만들어 써붙이기도 했다. 그동안 공부했던 문제집과 노트들은 집이 좁아서 그때그때 처분했지만, 재웅이의 마음을 다잡아주었던 목표 문구만은 버리지 않고 보관해두었다. 재웅이의 성장 과정을 사진 못지않게 생생하게 보여주는 우리집 보물 1호다.

영어에 어려움이 많았던 재웅이가 영어 교재를 집필하신 김인규 선생님을 멘토로 삼아 좋은
조언들을 듣고 있는 모습. 멘토는 목표를 향해 가는 아이들에게 정말 좋은 롤모델이 될 수 있
다. 학교 공부에만 매달리다 보면 자신이 설정한 목표가 아주 멀고 추상적으로 느껴져 종종
공부의 끈을 놓치기도 한다. 그럴 때 자신이 가고자 하는 길을 먼저 간 선배나 멘토들의 경험
을 수혈받으면, 동기 부여도 되고 마음을 다지는 계기가 되기도 한다.

어느 날 갑자기(?) 한글도 모르던 재웅이가 공부를 잘하는 아이가 되면서 무수히 많은 상을 받게 되었
다. 노력한 만큼 인정을 받는다는 것을 보여준 상장들은 '성취감'이라는 추상적인 마음을 눈으로 확인하
게 해주고, 성장의 역사를 보여주기도 한다.

재웅이와 함께 했던 시간을 통해 얻게 된 많은 깨달음과 정보들을 글로 정리해 수기 공모전 수상을 하면서 내 인생도 완전히 바뀌었다. 이때 얻은 인생의 선물은 그저 현금 50만 원뿐만이 아니었다. 이 수상으로 인해 나는 수많은 엄마들과 마음을 나누게 됐고, 묻어두었던 꿈을 조금씩 실현시킬 수 있었다. 인생의 터닝 포인트라 할 만한 공모전의 시상식에서 나는 모처럼 나 자신을 사랑하는 마음으로 예쁘게 단장을 하고 시상대 앞에 섰다.

EBS 「교육, 화제의 인물」 녹화장에서 MC 손범수 씨와 함께 어깨를 나란히 해보았다. 수기 공모전 수상 이후 재웅이와 나의 공부 이야기를 듣고자 하는 사람들이 점점 많아졌다. 여러 방송국에서 우리 모자의 경험담을 취재했는데, 내가 이런 경험을 할 수 있으리라고는 정말 상상도 못했다.

평균 40점짜리 재웅이 전교 1등 만든 '엄마표 칭찬 교육'

>> 중앙 일간지들도 많은 관심을 보였다. 사교육에 의존하지 않으면서도 엄마의 적절한 역할이 이런 성취를 이뤄냈다는 점에 주목했다. 신문 인터뷰는 나에게도 생각을 정리할 수 있는 좋은 기회였지만 재웅이 역시 자신의 생각을 명쾌하게 이야기하며 정리할 수 있는 기회가 되었고, 어떻게 살고 싶은지에 대한 인생 밑그림을 고민하게 만들기도 했다.

꼴찌에서 전교 1등 되다

엄마표 '긍정교육'이 빛낸 공신 심재웅 군

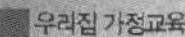
여성지 「여성조선」과 「퀸」의 지면에 실렸던 기사. 재웅이와 나는 수년간 호흡을 맞춰온 환상의 '팀'이다. 우리가 배드민턴 경기의 복식조였다면 올림픽 금메달도 딸 수 있었을 것 같다. 아이의 입장에서 공부해보고, 어느 순간 아이는 엄마의 실력을 따라잡고, 스스로 자기주도 학습을 이끌어내면 엄마는 그것을 지속할 수 있도록 환경을 만들어주는 환상의 콤비. 재웅이가 어른이 되고 자신의 길을 찾아 독립하게 되더라도, 우리는 언제나 마음으로 서로의 파트너가 되어 찰떡같은 호흡을 자랑하며 살아갈 수 있을 것 같다.

2

엄마와 재웅이의
행복한 공부법

내 아이를 가장 쉽게 파악할 수 있는 방법
: 직접 가르치면 아이의 상태가 한눈에 보인다

내 아이를 직접 가르치고자 하는 엄마들이 명심해야 할 것은, 내 아이는 내가 가장 잘 알아야 한다는 것이다. 많은 엄마들이 아이를 직접 가르치는 것에는 특별한 비결이 따로 있으며, 선생님처럼 특별한 사람만이 아이를 잘 가르칠 수 있다고 생각한다. 그래서 대부분의 엄마들은 아이를 남들과 다른 뛰어난 사람으로 키우려면 특별한 교육, 특별한 선생님이 필요하다고 생각해서 비싼 돈을 들여 사교육의 현장으로 어린 아이들을 내보낸다. 그러나 주위를 둘러보면 아주 어릴 때부터 학원에 치이고, 압박감 속에 자란 아이들이 커가면서 오히려 공부에 질리고 싫증을 느껴 손을 놓는 경우가 많다. 또한 모두가 부러워하는 공부 잘하는 아이들 대부분은 비싼 사교육의 특별한 도움보다는 학교 수업에 충실하게 임했다는 공통점을 발견할 수 있다.

그렇다고 사교육이 전혀 효과를 발휘하지 못한다는 것은 아니다. 학교 수업을 성실하게 듣고 집에서 예습과 복습을 주도적으로 하는 아이가 학원이나 과외 등 적절한 사교육의 도움을 받는 경우 긍정적인 결과를 보여주기도 한다. 반대로 학교나 집에서 아무것도 하지 않는 아이가 학교 수업을 앞지르는 비싼 과외나 선행 학습 위주의 학원에 다니게 되면, 시간과 돈을 투자한 효과를 전혀 기대할 수 없다. 성적이 오르기는커녕 공부에 대한 흥미를 떨어뜨리는 역효과를 가져올 수 있다. 비싼 돈을 들여 이것저것 시켜보지만 성적이 오르지 않으면 '같은 학원에 다니는데 왜 우리 애만 성적이 안 오를까? 대체 누구 머리를 닮은 걸까? 우리 아이는 원래 머리가 나쁜 걸까?' 하고 조바심을 낸다.

지인 가운데 한 분은 아빠가 서울대 출신인데도 아이의 성적은 바닥을 쳐서 걱정이 많다. 주위 사람들은 아이가 아빠 머리를 안 닮은 것 같다고 안타까워하는데, 이 아이가 공부를 못하는 것이 단순히 머리가 나빠서는 아닐 것이다. 공부란 반드시 노력한 만큼 결과가 따라온다. 문제는 아이의 현재 상태를 정확하게 파악하지 못하고 엉뚱한 곳에서 문제를 찾는다는 것에 있다. 아이의 머리가 나쁘다, 좋다를 고민할 것이 아니라 현재 공부 환경이 어떠한가를 꼼꼼하게 따져봐야 한다.

그룹으로 공부를 시작했는데 그중 미리 공부를 잘해오는 우수한 아이가 있다고 가정하자. 그 아이는 선생님 질문에 대답을 잘하는 반면 공부를 안 해와서 잘 모르는 아이는 주눅이 들어 입을 꾹 다물고 있을 것이다. 그렇게 되면 선생님은 자연스럽게 질문에 대답을 잘하고 이해하는 아이 위주로 가르치게 되고 진도도 그 아이에게 맞춰갈 것이다. 그런 상황이 반복되면 결국 두 아이의 성적은 차이가 날 수밖에 없다. 처음에는 그 차이가 미미했다가 시간이 갈수록 격차는 더 심하게 벌어져 누군가는 공부에 흥미를 잃고 포기하는 단계에 이르게 된다. 아이의 성적이 떨어지는 것은 머리가 나빠서가 아니라 부모가 아이의 수준에 맞지 않는 목표에 화살을 쏘려는 잘못된 판단 때문일 수 있다는 것이다.

또 다른 사례를 살펴보자. 부모님의 많은 투자와 노력에도 불구하고 초등학교부터 고등학교 2학년까지 공부와는 담을 쌓은 아이가 있다. 기다리다 지친 부모는 아들의 머리가 원래 나쁘다는 결론을 내리고 포기해버렸다. 심지어 돌멩이라는 별명까지 붙였고 아이도 자기가 정말 돌멩이처럼 머리가 나쁘다고 생각했다. 어느 날 그 부모가 아는 지인과 만났는데 지인의 아들은 서울대생이었다. 지인은 이 부모의 '돌멩이 아들'에 대한 한탄을 듣고 서울대에 다니는 자신의 아들과 만나볼 것을 제안했다. 그리고 서울대 학생은 '돌멩이 아들'의 잠재적 능력을 찾기 위해 검사를 하도록 했다.

그런데 그 결과는 모두를 놀라게 했다. 지금껏 머리가 나쁘다며 별명이 돌멩이었던 아들의 I.Q가 놀랍게도 140이 넘는다는 결과였다. 아들 본인은 물론 그 부모님에게도 충격적인 사건이었다. 그 후 자신의 머리가 나쁘지 않은 정도가 아니고 평균 이상의 지능을 가졌다는 것에 자신감을 얻어 뒤늦게 공부를 시작했고 좋은 대학에 들어가게 되었다. 만약 돌멩이라는 별명을 가진 이 아이가 부모님의 말처럼 자신의 머리가 나쁘다고 생각하고 공부를 포기했다면 어떻게 됐을까? 평생을 자신의 나쁜 머리를 탓하며 노력해볼 생각조차 못했을 것이다. 잠재력이 있던 인재를 잘못된 판단으로 잃을 수도 있었다. 이 아이가 공부를 못했던 원인은 바로 아이 수준에 맞지 않았던 공부법과 자신들의 아이를 잘 몰랐던 부모에게 있었다.

부모는 내 아이를 가장 잘 아는 사람이어야 한다. 비싼 사교육을 시켜봤는데 효과가 없다고 아이 머리 탓을 하는 부모는 되지 않아야 한다. 획일적인 사교육의 틀은 아이에게 알맞은 미래를 만들어주지 못한다. 또한 아이가 공부하기 싫어서 엉뚱하게 선생님 탓을 할 때도 아이 말만 믿고 선생님의 실력을 의심하는 것도 경계해야 한다.

아이에 대해 제일 잘 아는 부모가 되기 위해서는 부모가 직접 아이의 입장이 되어 공부를 해볼 필요가 있다. 아이가 보는 눈으로, 마음으로, 내가 다시 공부해보는 것이다. 그리고 부모 스스로가 선생님이 되어서 아이를 가르쳐보자. 가르치는 것에 소질이 없다고 겁먹지 않아도 된다. 아이를 가르치는 것은 선생님이 아니어도 누구나 할 수 있는 일이다.

나 또한 이러한 마음으로 직접 초등학교 5학년 과정을 공부해 내 아이를 직접 가르치기 시작했다. 나는 전문적인 교수법을 공부하지도 않았고, 누군가를 가르치는 것과는 전혀 인연이 없는 평범한 학부모였다. 하지만 두려움 없이 직접 몸으로 부딪쳐보지 않았다면, 내가 아이를 잘 가르칠 수 있는지, 아이가 엄마표 학습을 받아들일 수 있는지, 이것이 자기주도 학습으로 이어질 수 있는지 전혀 알 수 없었을 것이다. 물론 엄마가 자녀들의 공부를 모두 도와줄 수는 없다. 그러나 내가 아이를 가르쳐보고 나면 그 어떤 사교육도 해내지 못하는 맞춤형 눈높이 교육도 가능해진다. 누구에게나 의지만 있다면 이런 기회는 열려 있다.

애들 공부는 너무 쉬워서 지루하다?
: 기본을 확실하게 다져야 아이가 엄마를 믿는다

아이의 눈높이로 직접 가르치겠다는 결심을 했다면 당신은 이미 반 걸음 앞서 나간 용기 있는 엄마이자 선생님이 될 자격을 갖추었다. 중요한 것은 본격적인 실천이다.

엄마선생님이 되어 내 아이를 가르치기 위해서는 우선 엄마가 먼저 공부를 시작해야 한다. 어려워봤자 아이들 수준이라고 쉽게 생각했다가는 곧장 벽에 부딪힐 것이다. 요즘 교과 과정은 예전보다 수준이 높아져서 아이들 문제라도 난이도가 상당하기 때문이다. 진지한 마음으로 미리 공부해두지 않고서는 아이를 가르칠 수 없다. 일단 선생님 모드로 돌입하면 아이가 모르는 것을 질문했을 때 버벅거리거나 당황하지 않아야 한다. 그러려면 모든 문제를 막힘없이 술술 풀어낼 정도로 집중해서 공부해야 한다. 그래야 아이도 엄마를 진정한 선생님으로 믿고 배울 자세를 갖추는 것이다. 이를 위해서는 몇 가지 준비가 필요하다.

먼저 아이의 학년에 맞는 교과서를 구한다. 교과서는 가장 기본적이고 충실한 교육 자료이며 지침서다. 모든 부모님들이 이미 배우고 지나왔던 내용이 담겨 있는 보편적 교재이기 때문에 다시 공부를 한다 해도 쉽게 이해할 수 있다. 굳이 새 책이 필요하지도 않다. 아이들은 새 학년이 되면 1년 동안 공부했던 헌 교과서를 반납하거나 버리게 되는데, 이때 주변에 아이와 학교가 같거나 한 학년 위인 학생을 찾아서 버리는 헌 교과서를 부탁해보자. 내 경우에도 재웅이가 새 학년으로 올라갈 때마다 주변에서 헌 교과서를 구해와서 효과적으로 활용했다. 아이가 학교에 있을 때, 언제든 꺼내어 미리 공부해두었고, 나중에 아이가 볼 때 도움이 될 수 있도록 메모를 해도 부담이 없으니 헌 교과서는 최고의 공부 자료가 되었다.

이런 헌 교과서는 엄마뿐만 아니라 아이에게도 예습, 복습용 자료로 활용도가 높다. 학년이 올라갈수록 교과서나 참고서로 채워진 책가방은 점점 무거워지는데 학교 사물함에는 새 교과서가, 집에는 헌 교과서가 있다면 책을 짊어지고 다니느라 고생하지 않아도 되고 가끔 시간표를 잊어 교과서를 챙겨가지 못하는 불상사도 막을 수 있다. 같은 이유로 문제집도 구한다면 더 좋다. 의외로 많은 아이들이 새 학기가 되면 문제집이나 참고서를 잔뜩 산다. 새로운 마음으로 새롭게 공부를 시작하려는 뜻에서다. 그러나 한 학기가 지나면 다 풀지 못하고 남은 문제집들이 수두룩하다. 그러니 애초에 너무 많은 책을 사지 말고, 주변에 상급학년 학생이 있다면 중고 문제집이나 참고서를 얻어서 활용하면 먼저 써놓은 메모를 참고할 수도 있고 여러 모로 도움이 된다.

재웅이도 지인이 버리지 않고 모아둔 참고서와 문제집을 활용해 큰 도움을 받았다. 그 양이 들고 오기 힘들 정도로 많았던데다가 거의 새 문제집들이어서 많은 돈을 들이지 않고도 다양한 문제들을 풀어볼 수 있었다. 어려운 시절이었지만 공부할 수 있는 방법은 이렇게 도처에 널려 있었다.

이렇게 공부에 필요한 교과서, 참고서, 문제집 등이 갖추어졌다면 공부를 시작해보자. 내 아이와 똑같은 과정, 똑같은 단계로 시작하면 된다. 우선 교과서를 쭉 훑어보며 전체적인 흐름을 파악한다. 가령 아이가 5학년인 경우에 이 교과서는 5학년인 내 아이에게 무엇을 전달하려고 만든 것인지, 어떤 학습 목표를 갖고 쓰인 것인지를 생각하면서 교과서 전체를 반복해 10번 정도 읽는다. 전체적인 내용을 파악해두면 아이를 가르칠 때 앞뒤를 서로 연결하거나 미리 응용해서 설명할 수 있어서 상당히 도움이 된다.

그런 다음 각 단원마다 주요 주제의 의미를 생각하며 내 아이에게 어떻게 무엇을 가르쳐야 될 것인가를 파악하고 나누어 읽으면서 필요하다면 따로 메모를 해둔다. 그 과정이 끝나면 소단원 제1과부터 차례로 들어가 집중적으로 문제를 풀며 공부하는 것이다. 이미 전체적인 내용을 파악한 상태이기 때문에 복습하는 것처럼 학습 내용이 곧장 떠오르고 빠르게 이해될 것이다. 이런 방법으로 공부를 하다 보면 성인인 엄마에게는 너무 쉬워서 기본적인 공부 과정이 지루해지거나 그냥 뛰어넘고 싶을 때도 생긴다. 하지만 다소 지루하더라도 그냥 넘기지 않고 꼼꼼하게 짚고 넘어가야 한다. 엄마가 기본을 잘 파악하고 잊지 않아야 아이에게도 뚝심 있는 기본을 세워줄 수 있다.

모든 공부는 기본이 잘 다져져야 오랫동안 단단하게 유지되고, 지식이 더 높고 넓게 뻗어나갈 수 있다. 아이를 가르치기 위한 공부를 하다 보면 뜻밖에 새로운 지식을 많이 알게 되고, 배우는 기쁨도 다시 느낄 수 있다. 또한 아이에게 내가 무언가를 가르쳐줄 수 있다는 것 자체는 생각보다 훨씬 흥분되고 보람찬 일이 될 것이다. 무엇보다 아이와 함께 공부에 대해 더 세심하게 이야기할 수 있고 어려운 것을 함께 헤쳐나갈 수 있다는 것 자체는 아이와의 유대관계를 더욱 탄탄하게 만들어준다. 아이 역시 이 과정을 통해 엄마를 믿고 의지하면서 강한 정신력을 갖게 될 것이다.

공부는 습관이다
: 공부계획표는 엄마와 함께 세우고 함께 관리하라

동네 이웃 모임이나 학부모 모임에서 가끔 이런 부러운 이야기를 들어본 적이 있을 것이다. 공부는 안 하고 매일 운동하면서 놀기만 하는 것 같은데 시험만 보면 항상 1등을 한다는 아이. 그런 아이들의 이야기를 듣고 있노라면 정말 궁금해진다. 머리가 좋은 걸까? 타고난 영재일까? 하지만 정말이지 아무리 타고난 천재라도 공부를 하지 않으면서 1등을 한다는 것은 매우 어려운 일이다. 생각해보건대 답은 둘 중 하나다.

다른 사람들이 안 보는 곳에서 죽어라 공부를 했거나, 아니면 잘 짜인 시간 계획으로 짧은 시간이지만 효과적인 공부, 즉 집중력 높은 공부를 했기 때문일 것이다. 그러나 어느 날 갑자기 짧은 시간 동안 집중력 높은 공부를 하기란 쉽지 않다. 그것은 어릴 때부터 몸에 베인 습관이다.

우리 아이도 이렇게 효과적인 공부를 하길 원한다면 어릴 때부터 시간 계획형 공부 습관을 기를 수 있도록 도와주어야 한다. 엄마표 공부법 실천 단계인 공부계획표를 짜는 일이 그 시작이다. 공부계획표는 먼저 하루 일과 중 몇 시간을 엄마랑 공부할 것인지, 아이와 함께 지킬 수 있는 시간을 정하는 것이 좋다. 의욕만 앞서서 이것저것 빡빡한 스케줄을 짜버리면 하루이틀 하다가 쉽게 포기하게 된다.

한 초등학생이 고등학교 수험생처럼 하루 평균 3시간 이상 놀지 못하고 여러 학원을 쫓아 다니거나 공부를 한다는 보도를 본 적이 있다. 정말 굉장한 교육열이다. 이렇게 하지 못하는 부모들은 괜히 불안하고 조바심이 날 수도 있지만 전혀 불안해할 필요가 없다. 그런 공부법들이 비효율적이라는 것은 이미 많은 자료를 통해 입증되었다. 주변에도 초등학교 시절 완벽하게 공부를 시킨 영재들이나 우수한 아이들이 오히려 중·고등학생이 된 후 공부에 흥미를 잃어버리는 경우가 수두룩하다. 너무 어릴 때부터 지나친 공부 스트레스에 압박을 받아 감당하지 못하는 순간이 되면 쉽게 손을 놓아버리기 때문이다.

아이도 엄마선생님도 숨을 쉴 수 있도록 해야 한다. 공부하는 시간만큼 자유롭게 노는 시간을 만들어주어야 한다. 하루에 몇 시간 정도 공부할 것인지 정했다면 그 다음엔 공부하는 시간대를 정한다. 이때 엄마와 함께하는 공부계획표는 반드시 엄마의 시간을 고려해 신중하게 시간대를 정하는 것이 좋다. 엄마가 바쁘다고 내일로 미뤄버리면 아이는 미루는 것에 따라가게 되고 규칙적인 리듬을 놓치게 된다. 또한 계획표를 시각적으로 예쁘고 재미있게 표현해 아이가 계획표를 들여다 볼 때마다 즐거운 마음이 들도록 하는 것도 좋은 방법이다. 아이 스스로 흥미가 생겨야 공부도 즐겁게 할 수 있다.

나와 재웅이의 경우 일일 공부 시간을 하루 2시간으로 정해 공부계획을 세웠다. 형편상 내가 일을 해야 했기에 일이 끝나는 시간대인 오후 8시부터 10시까지 공부하고 그 외의 시간에는 평소처럼 자유롭게 놀도록 했다. 주 단위 계획으로 월요일과 수요일은 수학, 국어를 공부했고, 화요일과 목요일은 사회, 과학을, 금요일은 모자랐던 보충과목, 토요일엔 문제풀이, 일요일엔 독서를 하는 순서로 계획을 짰다.

공부 시간은 과목마다 정해지지 않았지만 항상 2시간을 지켰다. 처음에는 비슷한 과목끼리 묶어서 수학, 과학을 함께하고 국어, 사회를 함께했는데 한 시간을 하고 나면 재웅이는 머리가 아프다며 투덜거렸다. 그래서 나중에는 수학 같은 계산 공부를 하고, 그 다음에 국어나 암기과목을 공부했더니 더 효과적이었다. 시간 계획형 공부법은 학년이 올라갈수록 시간을 조금씩 늘리면서 각자의 생활에 맞추어 스스로 관리하면 된다.

이렇게 꾸준히 공부계획을 세워 시간을 활용하는 것이 습관으로 자리 잡으면 짧은 시간 동안 집중력 높은 공부를 할 수 있게 되는 것이다. 이러한 습관은 초등학교 때부터 길러주는 것이 가장 좋다. 여기서 엄마선생님이 해야 할 가장 중요한 역할은 하루도 빠짐없이 꾸준히 공부계획표를 실천할 수 있도록 돕는 것이다. 마음이 풀어지고 게을러지려고 할 때 엄마가 옆에서 도와준다면 꾸준한 계획이 공부 습관으로 자리하게 될 것이다.

내 아이는 다 잘할 것 같은데 왜 이러지?
: 백 번 참고, 한 번 화내면 모든 노력이 수포로 돌아간다

어느 기관에서 자녀를 양육하는 데 가장 어려운 일은 무엇인지에 대해 설문조사를 했다. 가장 많은 표를 받은 1위는 바로 '아이들을 공부시키는 것'이었다. 과연 많은 엄마들이 고개를 끄덕이며 공감할 만한 의견이다.

자녀를 공부시킨다는 것은 분명 쉬운 일이 아니다. 하지만 이렇게 쉽지 않은 일을 지독한 노력 없이 얻어낼 수는 없다. 바로 이것이 뚝심 있는 엄마들과 그렇지 못한 엄마들의 차이다.

자녀교육 상담을 위해 어느 어머니가 찾아오셨다. 너무 산만한데다 공부를 하지 않으려는 아들을 키우고 있다는 어머니는 나의 조언에 따라 직접 엄마선생님이 되어 공부를 시작했다고 한다. 그런데 "이건 도저히 할 수 있는 일이 아니예요!"라며 하소연을 하는 것이다. 아무래도 자신의 아이는 잘 안 될 것 같은데 어떻게 하면 좋겠냐며 발을 동동 굴렀다. 그렇게 엄마가 직접 공부를 가르쳐서 될 아이는 따로 있는 것 아니냐는 것이다.

결론을 말하자면 '원래 될 수 있는 아이'란 따로 있는 게 아니다. 정도의 차이는 있으나 아이들은 부모님이 관심을 보인 만큼, 헌신한 만큼 반드시 변화된다. 아이들은 안내하는 사람이 어떻게 하느냐에 따라 성격과 인성에 영향을 받으며 성장하고, 미래까지 결정될 수 있다. 그 어머니의 이야기를 더 들어보니 정말 많은 노력을 하셨다. 아이에 대한 관심과 기다림, 긍정의 칭찬과 격려, 모든 걸 잘 해냈다. 그러나 단 하나가 빠졌다. 바로 '인내심'이다. 산만한 아이를 가르치며 나름대로 참고 또 참았지만 결국 화가 치밀어 아이에게 손찌검까지 하게 되었다는 것이다. 바로 그 순간 지금까지의 모든 노력과 과정은 사라지고 다시 원점으로 돌아간다.

많은 엄마들이 아이를 직접 가르치다보면 이 단계를 거치게 된다. 결국엔 인내심의 한계를 느끼고 화를 내면서 포기하는 것이다. 나의 경험으로 봤을 때, 그 인내의 마지막 순간에는 또 한 번의 인내가 필요하다. 한 번의 인내가 아니라 열 번, 스무 번, 백 번을 인내했어도 또 다시 백한 번째 인내를 해야 하는 것이다. 처음부터 다시 시작하더라도 조급함을 버리고 될 때까지 시도하고, 아이에게 절대 화를 내지 말아야 한다. 아이를 가르치면서 화가 난다는 것은 지나치게 욕심이 앞서 있다는 것이다. '엄마'이기 때문에 어쩔 수 없는 자식에 대한 기대감이 있고, 그 기대에 미치지 못했을 때 화가 치미는 것이다. 엄마 입장에서는 내 자식이 하나를 가르치면 열을 알고, 스물을 이해할 수 있을 것 같은데 뜻대로 되지 않으니 속이 터지는 것이다. 그것은 엄마의 기대를 따라잡지 못하는 아이의 잘못이 아니라 너무 큰 욕심을 앞세운 엄마의 잘못이다. 그 욕심을 반드시 내려놓아야 한다.

토끼와 거북이를 생각해보자. 지나치게 빨리 가려다 볼 수 있는 많은 것을 놓치고, 결국 어느 순간 자만하고 방심해서 뒤떨어지고 만다. 또한 지나친 조급함으로 이제 겨우 하나를 이해하고 있는 아이에게 자꾸 더 많은 것을 한꺼번에 알려주려 해서도 안 된다. 항상 아이의 눈높이를 살피고 조금씩 단계를 밟아가면서 학습 내용을 확실하게 이해할 때까지 알려주고, 들어주고, 기다려주어야 한다. 공부가 습관이 되어 자기주도적 학습을 할 때까지 이렇게 엄마선생님의 노력은 계속되어야 한다. 지속적인 노력은 '원래 될 만한 아이'가 아닌 어떤 아이라도 엄마선생님의 방향으로 따라와줄 것이다. 아이들은 아직 부모님의 영향을 크게 받으며 성장하기 때문이다. 나 또한 아이를 가르치며 백한 번 인내의 과정을 거쳤다. 내가 먼저 학습 내용을 익히고, 아이의 입장에서 공부에 임해보니 인내하지 않을 수 없었다. 이해의 과정을 엄마가 알고 있으니 모르는 문제는 아이가 이해할 때까지 가르치고 기다릴 수 있었던 것이다. 열정과 인내심을 갖고 아이를 가르치다 보니 결국 재웅이 또한 엄마의 노력을 알아주기 시작했다. 어느 날인가, 내게 질문을 하는데 '엄마'라고 부르지 않고 '선생님'이라고 부르게 된 것이다. 우리는 서로 마주보며 함께 웃었다. '그래, 내 아이에겐 내가 최고의 선생님이다!'라는 마음으로 꾸준히 노력하면 서로의 얼굴을 마주보며 웃을 수 있을 것이다.

목표는 실력보다 약간 높게
: 100% 달성하려면 120% 목표를 세워라

엄마표 공부법에서 중요한 과제가 있다. 바로 아이와 함께 목표를 설정하는 것이다. 목표를 설정하는 것은 아주 중요하다. 바다에 떠 있는 배가 목적지를 잃는다면 파도에 따라 이리저리 휩쓸리고 방황하다가 결국 좌초되고 말 것이다. 아이가 이 배의 선장이라면 엄마는 나침반이 되어야 한다. 인생의 목적지를 향해 키를 잡고 전진하는 아이들이 바른 방향으로 갈 수 있도록, 엄마는 나침반 역할을 성실히 해내야 하는 것이다.

그 방법 가운데 하나가 바로 아이와 함께 목표를 정하는 것이다. 목표는 우선 단기적인 목표와 장기적인 목표 두 가지로 구분해서 설정하는 것이 좋다. 단기적인 목표를 설정할 때는 처음부터 너무 거창한 목표를 정하지 않도록 유의해야 한다. 지나친 목표는 현실감이 없어서 마음 깊이 인식되지 않기 때문에 아이가 시도할 마음조차 갖기 어려울 수 있다. 그렇다고 너무 낮은 목표 설정도 곤란하다.

목표를 설정할 때 가장 좋은 방법을 할 수 있을 것 같다고 생각되는 수준보다 약간 더 높게 잡는 것이다. 120% 정도의 목표를 설정하면 애초 생각했던 100%의 목표를 달성할 수 있다. 물론 노력 여하에 따라서 그 이상을 넘을 수도 있다.

앞서 소개했듯이 나는 재웅이와 공부를 시작하기 전에 언제나 목표부터 설정했다. 처음에는 엄마가 간곡하게 부탁해서 마지못해 목표를 적어 붙여놓았던 재웅이가 몇 번의 목표 달성 과정을 통해, 점점 목표한 대로 이룰 수 있다는 생각을 하게 되었다. 그래서 목표를 이루기 위해 더 많은 노력을 하기 시작했다.

목표를 설정하고 공개하는 것은 마음의 각오를 드러내는 것이고, 그 각오가 현실화되는 경험은 매우 중요하다. 한 번 자신이 목표한 바를 이루게 되면 훨씬 더 든든한 자신감을 갖게 된다. 그리고 목표를 시각적으로 계속 확인한다면 그것을 이루기 위해 더 열심히 노력하게 될 것이다. 나는 재웅이에게 단기적인 목표를 적은 다음, 옆에다 그것을 이루기 위해 어떤 마음을 갖고 어떻게 노력할 것인지 구체적이고 현실적인 계획을 쓰도록 했다. 가령 '지난 시험보다 평균 몇 점을 올리겠다'라는 목표 옆에 평균 점수 향상을 위해 어떤 공부를 어떻게 할 것인지 등의 계획을 적도록 하는 것이다. 그리고 그것을 적은 종이는 눈이 잘 가는 곳에 붙여놓고 항상 기억하도록 했다. 매일 읽게 하는 것은 마음을 다지는 데 효과적이지만, 반드시 소리내어 읽지 않더라도 늘 보이는 곳에 붙여놓으면 무의식적으로 자신의 목표를 인식하고 각오를 다지는 효과가 있었다.

재웅이의 장기적인 목표는 어느 대학에 갈 것인가, 또 미래에 무엇이 될 것인가 하는 먼 미래의 희망을 써서 단기 목표 옆에 붙이도록 했다. 아직은 손에 잡히지 않는 장기 목표를 단기 목표 옆에 붙여두면 꿈을 향해 가는 과정을 훨씬 구체적이고 현실적으로 계획할 수 있다.

물론 재웅이의 목표는 언제고 수정될 수 있을 것이다. 하지만 어떻게 변화하건 늘 자신의 목표를 적어두어야 초심을 잃지 않고 꾸준하게 나아갈 수 있다고 생각한다. 지난날 꿈을 이룬 위대한 사람들의 공통된 특징 중 하나가 오랫동안 미래를 그리며 꿈을 키웠다는 것이다. 아이가 스스로 목표에 대해 얼마나 생각하고 다짐하고 잊지 않는지에 따라 아이의 미래는 달라질 수 있다. 나는 우리 자녀들이 꿈을 이룬 위대한 사람들처럼 어릴 때부터 목표를 잊지 않고 항상 미래에 대한 꿈을 꾸고 완성할 수 있도록, 그리고 목적지에 무사하게 도착할 수 있도록 든든한 나침반이 될 수 있었으면 좋겠다. 그 출발은 백지를 들고 아이와 함께 목표를 적어보는 것에서 시작될 것이다.

받아쓰기 20점에서 국어 100점으로
: 국어책을 10번 이상 읽는 4단계 공부법

재웅이가 처음 공부를 시작할 때 국어의 기본 개념이 잡혀 있지 않았다. '무지했다'는 표현이 적절할 정도로 최악의 상태였다. 한글을 전혀 배우지도 않은 채 학교에 입학해 받아쓰기 시험에서 20점이라도 나오는 게 신기한 일이었다. 받아쓰기 시험을 볼 때마다 친구들에게 놀림받았던 적이 많아서 국어에 대한 거부감은 특히 심했다. 쓰는 것은 더욱 힘들어했다. 아마 한글을 쓸 줄 몰라서 그림처럼 따라 그리던 기억이 남아 있어서 거부감이 한층 심했을 것이다.

'재웅이에게 어떻게 하면 국어를 쉽게 익히도록 할 수 있을까?'

이런 고민을 하고 있을 때, 어느 날 딸과 함께 장을 보러 갔다가 문화센터에서 열리는 자녀교육 특강 포스터를 보게 되었다. 한 가지도 어렵다는 고시를 사법고시, 행정고시, 외무고시까지 세 가지 모두 합격했다는 분의 공부법 강의였다. 평소에 TV에서도 많이 봐왔던 익숙한 분이었다. 당시 아이를 가르쳐야겠다고 생각하고 있어서 이 기회를 놓칠 새라 강의가 열린다는 센터로 뛰어 올라갔다. 그 강사 분은, 자신은 특별히 아이큐가 높은 사람도 아니고 평범한 얼굴만큼이나 평범한 머리를 가진 사람이지만 고시를 통과한 특별한 비법을 가지고 있다며, 그 앞에 앉은 몇 명의 아이들에게 질문을 했다.

"시험을 볼 때 교과서를 몇 번이나 읽으며 공부하니?"

대부분의 아이들이 서너 번 정도 읽는다고 답했다. 대답을 들은 강사 분은 웃으면서 말했다.

"한 번의 시험을 치를 때마다 해당 과목 책을 10번 이상 읽는 것이 제 비법입니다."

그것이 평범한 머리로 평범하지 않은 결과를 낸 비법이라는 것이다.

"제가 지금껏 공부한다는 많은 사람들에게 같은 질문을 던져보았지만 대부분의 사람들은 5~6번을 넘지 않는다고 대답했습니다. 그러나 책을 10번 이상 읽는다면 모든 시험을 통과할 수 있습니다."

그 말을 듣는 순간 나는 강한 깨달음을 얻었다. 그게 정답이다! 재웅이에게 책을 10번 읽혀야겠다는 생각으로 집에 돌아와 공부하는 장소에 곧장 슬로건을 써붙였다.

'10번 이상 읽자!'

이 방법은 모든 과목에 유용하지만 읽기가 특히 중요한 국어 공부에 가장 효과적이었다. 재웅이를 가르치기 전에 나도 국어 교과서 전체를 10번 이상 읽었다. 그냥 읽기만 하는 것이 아니라 다음과 같은 세 가지 핵심 요소를 염두에 두고 읽었다.

1. 많은 글들 중에서 왜 이 글이 교과서에 실린 것일까?
2. 무엇을 배우기 위한 것일까?
3. 재웅이에게 어떻게 쉽게 가르칠 것인가?

이 세 가지를 생각하며 읽고, 밑줄을 그으면서 모르는 것은 따로 메모해두었다. 반복해서 읽다보니 줄거리가 금방 이해되고 교과서 내용도 재미있었다. 무엇보다 공부에 대한 감이 왔다. 그렇게 10번 정도 읽고 나자 국어 공부의 핵심이 파악되었는데, 국어 과목을 학습하는데 있어 몇 단계 과정을 거치면 학습 효과를 극대화할 수 있다.

1단계에서는 먼저 이야기와 친근해져야 한다. 재웅이와 본격적인 단원 공부에 들어가기 전에 나는 교과서에서 읽은 내용을 옛날 이야기 들려주듯 이야기해주었다. 공부하기 싫어 딴청을 피우며 핑계만 대던 재웅이는 이것을 공부로 받아들이지 않고 이야기를 듣는다고 생각하면서 내용 자체에 집중하며 흥미를 보였다. 이때 들었던 이야기는 이후 교과서로 공부하면서 쉽게 떠올리게 되었고 이해력과 집중력이 향상되었다. 나중에는 질문까지 해가며 관심을 보이기도 했다. 아이들의 공부는 마음을 여는 것부터 시작이다. 그 마음을 열기 위해서는 자연스럽게 흥미를 유도하는 것이 가장 중요하다.

2단계에서는 교과서의 단원을 파악해야 한다. 이야기와 친숙해졌다면 각 단원의 주제를 파악하며 한 단원씩 반복해서 읽는다. 전에 읽던 것과는 다른 관점으로 생각하고 읽어야 하는 것이다. 수많은 글들 가운데 왜 하필 이 글이 교과서에 실린 것인지 고민해보면, 이 글에서 무엇을 배워야 하는지 쉽게 이해하게 된다. 처음에 서너 번 읽다보면 아이는 곧 지겨워하기 시작한다. 하지만 포기하지 말고 꼭 10번을 채우기를 권한다. 내용에 익숙해지고 학습 주제를 파악하면 이후 학습에 큰 도움이 되기 때문이다.

3단계에서는 좀 더 세부적으로 들어가야 한다. 문장 하나하나에 담긴 단어를 이해하고 요점을 파악해야 한다. 이때 숙어나 예문 등을 함께 학습하는데, 국어 전과는 상당히 유용하게 쓰인다. 전과에는 단어의 뜻풀이, 숙어, 반대말, 예시가 자세히 나와 있어서 전체적인 글의 맥락을 이해하고 심층적인 학습을 할 수 있도록 도와주기 때문이다.

마지막 4단계에서는 실전 문제를 풀어보아야 한다. 10번의 교과서 정독이 끝나면 다양한 유형의 문제들이 실린 문제집을 풀어본다. 이때 문제집은 한 권만으로 만족하지 말고 출판사가 다른 문제집을 5권 정도 구해서 풀어보면 다양한 형태의 문제를 접하고 해결할 수 있게 된다. 재웅이는 처음에 국어시험 유형도 잘 파악하지 못했다. 문제집을 풀어본 적이 없었기 때문이다. 그래서 나는 지문을 읽으면서 문제 유형의 핵심을 짚어주려고 노력했다.

"재웅아, 국어시험 문제는 지문에 답이 다 숨어 있어. '윗글에서 찾으시오'라고 써 있지? 숨어 있는 정답을 한번 찾아볼까?”

이런 식으로 몇 번 반복해서 연습하니 재웅이도 곧 문제 유형을 파악하게 되었다. 어릴 때 학습지 한 장 풀지 않아서 문제에 대한 개념이 없었던 재웅이에게 가장 시급한 것은 바로 유형을 파악하는 것이었다. 이런 단계별 국어 공부로 국어시험에서 100점까지 받을 수 있었다. 이후 국어에 대한 자신감을 얻은 재웅이는 글쓰는 일을 좋아하게 되었고 글짓기대회에도 출전해 최우수상을 받기도 했다. 한글을 몰라 놀림 받던 아이가 국어와 가장 친해진 것이다.

국어는 모든 과목의 기본이다. 많이 읽고 많이 쓰는 단순한 방법은 국어를 정복하는 가장 쉬운 길이다.

“엄마, 이거 또 읽어?”

당시 재웅이가 가장 많이 했던 말이다.

수학과의 첫 만남, 어떻게 해야 할까?

: 일상에 숨어 있는 수학을 찾아라!

수학 공부를 왜 해야 할까? 흔히 수학은 원리와 개념을 익히는 공부라고 한다. 수학을 잘 모르는 보통 사람들은 '수학의 원리가 무엇이고 또 개념은 뭐지?' 하고 되물을 것이다.

한 지인의 아들은 명문대 수학과를 졸업하고 최고의 대학에서 박사 학위를 받았다. 그런데 하필이면 복잡하기만 하고 실용성은 없어 보이는 수학을 전공하는 아들이 걱정이 된 지인은 이렇게 물었다.

"학교에서야 학문으로 배운 수학이지만 사회에 나가서 수학을 대체 어디에 써먹을 수 있겠니?"

"별로 써먹지 않아요."

재웅이를 가르치기 위해 내가 직접 공부하면서도 대체 왜 수학을 배워야 하는지 이해할 수 없었다. 초등학교는 그렇다고 쳐도 중·고등학교, 대학교 전공까지 가면 한없이 복잡해지는 게 수학이다. 각종 기호며 공식이며 생활하는 데는 아무 도움도 안 되는 것 같은데 이 어려운 수학을 왜 공부해야 하나? 학교 다닐 때 수학 때문에 골머리를 썩어본 사람들이라면 한 번쯤은 이런 생각을 해봤을 것이다. 이유는 모르지만 교과 과목에 포함되어 있으니 안 할 수는 없다. 나 역시 재웅이를 가르치기 위해 수학 교과서를 펼쳐놓고 일단 열심히 수학 공부를 했다.

그런데 그토록 이유를 알 수 없었던 수학 공부의 이유를, 내가 직접 수학을 공부해보면서 자연스레 알게 되었다. 공부를 하면 할수록 수학에 대한 개념이 달라지면서 점점 재미있어지기까지 했다. 수학은 논리적인 학문이다. 문제가 있으면 풀이 방법이 있고, 그 방법을 익히고 응용하고 풀어가다 보면 정답이 정확하게 딱 떨어진다. 어려운 문제일수록 숨은 그림 찾기에서 가장 난이도가 높은 그림을 찾아낸 것처럼 성취감도 컸다. 수학은 재미를 느낄수록 성취감도 높아지는 과목이었다.

수학은 논리적인 사고력을 필요로 한다. 그저 가르치기 위해 외우고 익히려던 나의 공부법으로는 수학을 정복할 수가 없었다. 수학은 개념이 중요하다. 개념이 바로 서야 문제 해법의 실마리를 찾을 수 있다. 이렇게 정답을 찾아가는 과정에 빠지다보면 순수하게 '흥미'를 기초로 한 공부가 가능해진다. 수학은 재웅이와 나의 공부에서 가장 중요한 과목이 되었다.

아이를 가르치기 위해 수학 공부를 하다 보니 재미있는 것을 발견했다. 아이들 수준의 수학 개념은 실제 우리 일상생활에 존재하고 있었다는 점이다. 우리는 모두 수학을 너무 잘하고 있었다. 매일 수학의 개념과 원리들을 응용하며 살면서 수학은 어렵고 힘든 것이라고, 나는 잘할 수 없는 것이라고 생각했다. 그래서 처음부터 교과 과정을 공부하기보다는 수학이 우리 생활에 얼마나 친근하게 활용되고 있는지 알려주고 싶었다.

처음에는 수학을 계산식으로 가르치려고 했다. 하지만 재웅이는 계산식 공부법에 거부감을 보였고, 결국 내가 수학 공부를 하면서 느꼈던 재미를 그대로 전달해야겠다고 생각했다. 먼저 재웅이에게 문구점에 다녀오라는 심부름을 시켰다. 1000원을 주며 연필 한 자루와 지우개 한 개를 사고 거스름돈을 받아오라고 했다. 재웅이는 300원짜리 연필, 300원짜리 지우개를 사고 거스름돈으로 400원을 받아왔다. 이번에는 2000원을 주면서 슈퍼에 가서 빵과 음료수, 과자를 사오라고 했다. 난데없는 행운에 신이 난 재웅이는 500원짜리 빵, 700원짜리 음료수, 500원짜리 과자를 사고 거스름돈으로 300원을 받아왔다.

유치원 아이들도 할 수 있는 심부름이지만 수학이 실제 생활에서 어떻게 쓰이는지 알려주기 위해 일부러 심부름을 시켰다. 아무 생각 없이 심부름을 다녀온 재웅이에게 이것이 바로 수학의 시작이며, 물건을 똑똑하게 사고 정확하게 거스름돈을 받기 위해 수학을 공부해야 한다고 설명했다. 그 후로도 수준을 높여가며 물건을 살 때마다, 버스비를 낼 때마다 이것이 수학의 일부라고 반복적으로 설명했다. 모든 것에서 수학적 계산이 필요한 것이라고 강조한 것이다.

또 스케치북을 펼쳐놓고 큰 원을 그리게 한 다음, 그 안에 세모, 네모, 태양, 달, 집 등을 그리게 한 뒤 미술에서도 수학적 사고가 응용된다는 개념을 설명했다. TV에서 야구 중계를 할 때면 투수가 공을 던지는 속도와 방어율, 타자가 공을 치는 안타 계산도 수학을 배워야 가능하고 축구와 농구 등 모든 운동 또한 수학이 개입되어 있다는 것을 자연스럽게 알려주었다. 수학은 일상적으로 친근하고 꼭 필요한 과목이라는 개념을 가지도록 했다. 책과 숫자로만 접하는 수학은 아이의 흥미를 끌지 못했지만 실생활의 수학은 아이에게 쉽게 다가왔다. 이것이 재웅이가 본격적인 수학 공부를 하기 위한 엄마의 첫 수학 학습이었다.

기초 공사가 부실하면 수학은 무너진다

: 문제 풀이보다 중요한 것은 원리 이해

집을 지을 때 기초 공사를 튼튼하게 하는 것이 가장 중요하다는 것을 모르는 사람은 없을 것이다. 수학을 잘하기 위해서는 집을 지을 때와 같이 기초가 튼튼해야 한다. 예를 들어 아이가 초등학교 2~4학년의 과정을 잘 모르면서 5학년 수학을 잘한다는 것은 있을 수 없는 일이다. 초등학교 1학년이 배우는 단순한 더하기와 빼기에서 시작해 그것을 응용하면서 개념이 확장되어 초등학교 6학년까지 연결되는 것이 바로 수학이다. 또한 학년이 올라갈수록 숫자들이 한 자리씩 늘어난다.

고학년으로 가면서 응용 형태가 복잡해지고 숫자의 수가 많아지면서 어려워지는 것이다. 수와 연산, 도형, 측정, 확률과 통계, 문자의 식, 규칙성과 함수 등의 과정을 저학년부터 고학년까지 반복적으로 배우게 된다. 난이도의 차이가 있을 뿐 개념은 끝까지 이어지기 때문에 기초가 부실하면 그 위에 아무리 비싼 사교육을 얹더라도 소용이 없다. 기초가 없는 상태에서는 점점 더해지고 복잡해지는 숫자에 질려 결국 손을 놓게 될 것이다.

그래서 재웅이를 가르칠 때 무엇보다 기초 쌓기에 열중했다. 서두르지 않았다. 5학년 문제를 빨리 가르치려고 무리하게 진도를 나가지 않고, 2~4학년 과정의 개념부터 설명했다. 물론 5학년 과정을 아예 손대지 않은 것은 아니다. 현재의 학년에 맞는 단원과 이전 학년에 배웠어야 했던 기초 개념을 번갈아가면서 가르쳤다.

문제 풀이보다 기초 과정의 원리 이해를 우선순위로 정하고 왜 그렇게 되는지에 대한 원리가 제대로 이해되지 않았다면 반복적으로 열 번이고 스무 번이고 다시 설명했다. 어떤 날은 한 문제로 공부 시간을 전부 보내버린 날도 있었다. 개념 익히기 문제를 만들어 다시 한 번 잘 이해했는지 확인했다. 잘 이해했다고 생각되었을 때에야 비로소 본격적인 문제 풀이에 들어갔다. 문제집은 기본 과정을 먼저 풀고 중간 과정의 문제집으로 확인한 다음 심화 과정 문제로 넘어갔다.

재웅이는 주관식 문제를 무척 어려워했다. 재웅이뿐만 아니라 많은 아이들이 주관식 문제에 당황한다. 문제 자체를 이해하지 못해 시험 시간이 끝날 때까지 비워놓는 경우가 많다. 나 역시 학교 다닐 때 주관식 문제가 나오면 잘 읽어보지도 않고 포기한 적이 많았다. 하지만 아이와 함께 단계별로 문제를 많이 풀다보니 긴 문장일수록 의외로 간단하게 해결된다는 것을 알게 되었다. 최근에는 아이들의 사고력을 알아보기 위해 주관식 문제에 비중을 둔다고 한다. 잘 모르면 무작정 찍던 시대는 지나간 것이다.

주관식 문제를 풀다보니 잘 풀어낼 수 있는 방법을 찾았다. 바로 핵심 단어를 외우는 것이다. 덧셈의 경우 '~와 ~를 합한 경우, 더한 경우, 모두 전체 함께', 뺄셈의 경우 '~나머지는, ~빼면, ~가져오다', 곱셈의 경우 '~곱하면, ~의 몇 배, ~의 곱을', 나눗셈의 경우 '~나누면' 등 자주 나오는 어휘들을 이해하고 숙지해두면 수식을 자연스럽게 연상할 수 있다. 주관식 문제에서 등장하는 어휘들이 어떤 수학 기호를 의미하는지 메모해놓고 공식을 적용해 푸는 것이다. 잘 살펴보면 주관식 문제들은 모두 실생활에서 아이들이 사용하는 일들을 문장으로 표현한 것이다. 재웅이와 나는 여러 가지 주관식 문제를 직접 만들어 풀어보면서 주관식의 벽을 허물어갔다.

재미있게 공부했기 때문인지 재웅이는 도형 분야를 가장 잘했다. 숫자 계산, 문장 이해를 벗어나 실물을 갖고 공부했기 때문이 아닌가 싶다. 우유곽이나 선물 상자들을 모아뒀다가 정육면체, 직육면체, 원기둥 등을 가르쳤는데, 이렇게 실물을 보면서 공부하면 실전에서 머릿속에 도형들을 쉽게 떠올릴 수 있어 효과적이다. 재웅이의 수학 공부는 생활에서 얻을 수 있는 것을 이용해 기초를 튼튼히 하는 것에 주력했다. 이렇게 공부한 결과 뒤늦게 시작한 공부였지만 5학년 때부터 수학을 가장 좋아하고 재미있어 하면서 '수학 잘하는 아이'로 성장하게 되었다.

　이러한 개념들은 어릴 때부터 엄마와 함께하는 놀이를 통해 자연스레 익히는 것이 좋다. 개념이 튼튼한 아이들은 복잡한 계산이나 수식에 대한 두려움이 적다. 지금도 많은 학생들이 수학시간이 되면 들을 생각도 안 하고 엎드려서 잠을 잔다고 한다. 수학은 어렵고 복잡하고 골치 아프다는 편견이 이미 자리잡았기 때문이다.

　수학과 아이의 첫 만남이 재미있다면 아이에게 수학은 언제나 새롭고 재미있는 교과목이 될 것이다. 구구단을 못 외워서 선생님으로부터 지도 요청 편지를 받던 재웅이가 지금은 이과를 선택했다. 게다가 가장 좋아하는 과목이 수학이라니, 어쩐지 내가 반쯤은 성공한 선생님 같다.

사회, 외워야 할 것이 너무 많다!
: TV 옆에 지도와 연표 붙이고 사극을 시청하라

늦은 밤, 집에 돌아오는 길에 학교 옆 아파트 단지를 지나온 적이 있다. 자정이 훨씬 넘은 시각이어서 어두워야 할 텐데 동네가 대낮처럼 밝았다. 고개를 들어 위를 올려다 보니 집집마다 불이 환하게 켜져 있는 것이다. 같이 있던 지인이 지금 아이들 시험 기간이라서 이렇다면서, "요즘 아이들은 사법고시 치르는 것처럼 공부해"라고 귀띔했다.

마치 고시를 치르듯 전쟁처럼 시험을 치르고 나면 아이들은 시험이 끝나는 날 만큼은 해방감을 느끼고, 엄마들은 긴장을 풀고 잠시 한숨을 돌린다. 내가 체감하는 대한민국 엄마들의 교육열은 단연 세계 최고다. 교육열에 관한 한 올림픽이 있다면 전원 금메달감이라고 말할 수 있을 정도다. 특히 아이들 시험 기간에는 일상적인 모임이나 만남도 다음 기회로 미룬다.

"아이들 시험 끝나고 만나요."

이게 인사말이다. 엄마가 공부하는 것이 아니라도 긴장되고 조바심이 난다. 그래서 시험이 끝나면 결과에 상관없이 잠시 마음을 놓는 것이다. 그러나 그것도 잠시, 엄마들은 그때부터 다시 바빠지기 시작한다. 시험은 잘 봤을까, 못 봤을까, 쉬웠을까, 어려웠을까, 누가 1등일까 등 아이들보다 머리가 더 복잡하다. 엄마들끼리 모여 앉아 아이들 성적 이야기를 할 때면 늘 등장하는 레퍼토리가 있다. 하나는 '우리 애는 다 아는 문제를 실수로 틀려서 안타깝다'는 하소연이고, 다른 하나는 '다른 과목은 다 잘 보았는데 한 과목을 망쳐서 평균이 떨어졌다'는 해명이다.

수학이나 과학을 잘하는 아이들이 유난히 망치는 과목이 바로 사회다. 암기해야 할 것이 굉장히 많은데다, 좌뇌가 발달해 수학과 과학을 잘하는 아이들에게는 아무래도 익숙해지지 않는 최대의 걸림돌이다. 내가 재웅이와 함께 하는 엄마표 공부를 하기 위해 사회 과목을 공부했을 때 기후, 날씨, 풍량, 풍속, 산맥, 도시, 재배작물, 강 등의 이름을 외우고, 단군 건국부터 각종 연대표와 정치사, 생활사, 문화사 등 역사에 대해 외우고 또 외웠다. 정말 암기할 것이 너무 많아서 이걸 다 외우는 아이가 있을까 싶을 정도였다. 그런데 재웅이는 의외로 사회 과목에 큰 공을 들이지 않고도 시험을 아주 잘 치렀다. 중학교 3년 동안 사회 시험을 보면 거의 100점만 받아왔으니 나 또한 신기할 따름이었다.

재웅이가 사회 시험을 잘 치를 수 있었던 이유를 나름대로 분석해

보니 답이 나왔다. 재웅이와 공부를 시작할 때, 사회는 암기 과목이다 보니 산만한 재웅이가 진득하게 앉아 그 많은 것을 외운다는 것은 불가능할 것 같았다. 본격적인 공부에 들어가기도 전에 머리가 아프다고 할 게 뻔했다. 흥미를 갖고 스스로 하도록 하는 방법이 없을까 생각하다가 역사드라마를 생각해냈다. 사극은 왕의 이름이나 시대, 사건 등이 실제 역사를 바탕으로 펼쳐지기 때문에 드라마를 보면서 역사에 흥미를 가지도록 하면 좋을 것 같았다.

이때부터 우리 식구들은 사극에 푹 빠졌다. 사극이 그렇게 재미있는지 예전에는 미처 알지 못했다. 온 식구가 유일하게 함께 보는 TV 프로그램이 바로 사극이었다. 사회공부에 흥미를 느끼도록 하고 역사 공부에 도움이 되고자 사극을 함께 보면서 나는 TV 옆에 한눈에 볼 수 있는 연대표를 붙여놓았다. 역대왕의 이름, 인물, 사건들이 요약되어 있는 연대표였다. 또한 우리나라 지도와 세계지도도 벽면에 나란히 붙였다. 그것은 아주 효과적인 방법이었다. 드라마에서 중심 인물들의 이름과 사건이 나오면 바로 벽면에 붙어 있는 연대표를 보고 찾아내면서 인물들을 파악했으며, 역사를 잘 아는 남편과 이야기를 주고받으며 아빠와의 친밀감도 다졌다. 우리 식구들은 사극에 등장하는 역사적 사건과 관련해 아는 것이 있으면 앞다투어 이야기하기 시작했고, 재웅이는 자연스럽게 역사를 받아들였다. TV로 시청을 하니 재웅이도 공부라는 부담감 없이 흥미를 가질 수 있었다.

자연환경과 생활양식을 알아야 하는 사회 공부를 할 때도 나란히 붙인 지도를 보며 고장을 익혔고 지형, 지리 등은 스스로 찾아보는 습관을 들였다. 또 올림픽, 월드컵 같은 세계대회가 열리면 세계지도를 보면서 각 나라의 이름과 어느 곳에 위치해 있는지를 비교하며 알아냈다. 교과서에 나오는 지도나 국가 이름을 무작정 다 외우는 것은 쉽지 않은 일이지만 TV를 보면서 궁금증을 유발해 아이 스스로 찾아보며 호기심을 채우니 머리에 쏙쏙 들어갔다. 자연스럽게 사회는 아주 재미있는 과목이 되었다.

제일 중요한 것은 선생님의 칭찬이었다. 재웅이는 집에 와서 사회 수업 이야기를 가장 많이 했다. 학교 수업 때 선생님이 질문하면 항상 먼저 손을 들고 대답하니 자주 칭찬을 듣게 되고, 칭찬에 자신감을 얻은 아이는 수업에 더 열중하게 되는 과정을 반복하게 되는 것이다. 엄마와 공부할 때 도움이 되는 암기 방법도 있었다. 엄마와 함께 교과서를 보며 빈칸이 있는 문제를 만들고 서로 역할을 바꿔가며 질문하는 것이다. 이 방법으로 암기해야 할 것이 많은 사회과 공부에서 큰 효과를 볼 수 있었다.

이렇게 초등학교 5,6학년 때 재미를 붙인 사회 공부는 중학교와 고등학교까지 빛을 발했다. 자신이 좋아하기 때문에 즐겁게 하는 것이다. 스스로 관심을 갖고 찾아서 접하는 것과 교과서를 펼쳐서 접하는 것은 정말 큰 차이가 있다. 무엇이든 자신이 좋아서 해야 공부도, 실력도 느는 것이다. 특히 아이가 암기 과목처럼 약한 부분이 있다면 먼저 흥미를 가지도록 도와주는 것이 좋다. 공부를 즐겁게 하도록 도와주는 것, 엄마표 공부법에서 가장 중요한 일이다.

아이의 호기심이 곧 과학이다
: 실험으로 얻은 지식은 사라지지 않는다

아이를 키울 때 아이가 말을 트기 시작하면 엄마들은 반드시 이런 질문을 한다.

"나중에 커서 뭐가 되고 싶어?"

모든 부모들이 한 번씩은 물어봤고, 모든 자녀들이 한 번씩은 대답한 경험이 있을 것이다. 어떤 아이는 대통령, 어떤 아이는 의사, 어떤 아이는 선생님, 간호사, 소방관, 화가…… 짧은 인생에서 보고 들은 온갖 직업들이 나오지만 부모들은 자신의 심중에 있던 직업이 나오기를 은근히 바란다. 나도 재웅이에게 이런 질문을 자주 던졌다. 재웅이의 장래희망은 시시각각 달라졌지만 어느 순간부터 과학자가 되겠다는 일관된 대답을 했다. 막연하게 과학자라는 실체만 있을 뿐 과학에 대해서는 재웅이도 나도 무지했다.

그러다가 아이와 함께 과학 공부를 시작하다 보니 좀 더 일찍 과학의 원리를 깨쳤더라면, 유아 때부터 놀이와 생활을 통해 과학적 사고를 키워줬더라면…… 하는 후회가 찾아들었다. 재웅이는 생각보다 과학에 대한 호기심과 흥미가 컸고, 이렇게 과학을 좋아할 줄 알았더라면 좀 더 일찍 환경을 만들어주었으면 좋았겠다는 아쉬운 마음이 든 것이다.

과학적 사고의 시작은 '호기심'이다. 호기심은 과학과 관련된 것이 아니라 세상 모든 것에 대한 호기심을 포함한다. 내 아이가 유독 어릴 때부터 사소한 것에도 호기심을 보이고 질문이 많다면 과학적 재능에 관심을 갖고 살펴보아야 할 것이다. 인류의 위대한 업적을 이룬 에디슨은 어릴 때 닭장에 들어가 품안에 알을 품고 있었다는데, 만약 재웅이가 그런 행동을 했다면 나는 어떻게 대처했을까 생각하니 웃음이 나왔다.

본격적으로 재웅이와 함께 과학 공부를 시작했다. 늦은감이 있지만 이제부터라도 과학적 관심과 호기심을 자극하기 위해 우리는 과학 교과서에 나오는 실험을 집에서 직접 해보았다. 과학도 수학처럼 개념을 이해해야 하는 학문이었다. 단순히 교과서를 읽고 문제를 푼다고 해서 능사가 아니었다. 책으로만 익힌 과학은 어떤 흥미와 호기심도 일으키지 못한다. 우리는 주변에서 쉽게 얻을 수 있는 소재들을 찾아 직접 실험을 했다. 알코올램프나 비커 등 실험도구가 필요하거나 약품을 구해야 하는 실험이 아니라 교과서에 나오는 생활 속 실험을 주로 해보았다.

예를 들어, 더운 공기가 위로 올라간다는 원리를 알려주기 위해, 담배를 사다가 창가에 두고 담뱃불을 이용해 연기가 위로 올라가 밖으로 빠져나가는 장면을 보여주면 아이는 훨씬 빨리 이해하고 쉽게 잊어버리지 않았다. 또한 용액 문제에 있어서는 소금, 아세톤, 물감, 설탕 등을 이용해 직접 녹여보았고, 안경, 돋보기, 오목렌즈, 볼록렌즈를 이용해 컵에 이슬과 물방울이 맺히는 광경을 직접 보도록 했다. 또 생물을 배울 때는 백과사전을 보며 꽃과 식물들의 씨를 구해 직접 키워보았다.

과학은 어려운 것이 아니었다. 잘 둘러보면 사실 일상에서 그 원리를 발견하며 쉽게 공부할 수 있었다. TV프로그램에 나온 과학과 마술의 대결을 아주 흥미롭게 본 적이 있다. 과학의 원리로 마치 마술처럼 신기하고 놀라운 장면을 연출했다. 많은 아이들이 그 프로그램을 보며 과학에 대한 호기심을 가지게 될 것이라는 생각이 들었다. 이렇게 작은 흥미와 호기심에서 시작된 과학이 인류에게 새로운 삶과 도전을 주었을 것이다. 이 글을 쓰면서 문득 수학과 과학을 좋아하는 재웅이에게 물었다.

"수학과 과학을 한마디로 표현하자면?"
"수학은 창조, 과학은 발견"

11

아이를 키우는 건 팔 할이 도서관
: 책 읽기는 모든 교육의 시작이다

재웅이가 중학교 다닐 때의 이야기다. 초등학교 때 밤낮으로 놀기만 하던 재웅이가 엄마와 함께하는 엄마표 초등 공부를 마치고 중학교로 진학하면서 스스로 공부에 눈을 뜨기 시작했다. 그런데 같은 학년의 친구가 고등학교 물리책으로 공부하는 것을 보고 재웅이는 적잖이 충격을 받았다. 그때까지 선행 학습이라고는 해본 적이 없는 상태로 중학교에 올라왔는데, 많은 친구들이 이미 중학교 과정을 배워놓고, 이제는 고등학교 문제집을 푸는 것을 보았으니 충격이 상당했던 모양이다. 재웅이는 그 사실을 알고 난 뒤 밤낮으로 더 열심히 공부하기 시작했다. 그러던 어느 날 학교에서 돌아온 재웅이가 "엄마, 내가 어릴 때 너무 놀았던 것 같아. 그때 책이라도 읽어둘 걸" 하는 것이 아닌가.

　지금은 부족한 교과목을 따라가느라 따로 책을 읽을 시간이 없다면서 놀며 보냈던 그 시간을 땅을 치고 후회한다고 했다. 순간 머리를 한 대 얻어맞은 것 같았다. 왜 책을 읽도록 해주지 않았냐며 엄마를 원망하는 것이 아니라 본인이 놀았다는 것에 초점을 두고 후회한다고 말하는 것이 너무 미안했고, 얼마나 절실하면 저런 말이 나올까 싶어 안쓰러웠다.

　부모님이 책도 안 사주고 책 읽을 환경이나 독서 지도조차 따로 해주지 않은 채 내버려두었다면 어린 나이에 스스로 책을 찾아 읽는 것은 거의 불가능한 일이 아닌가. 재웅이가 책을 읽지 못하고 살았던 것은 부모의 책임이 컸던지라 미안한 마음은 더 커졌다. 뒤늦게 자녀교육에 관심을 가진 뒤 어릴 때부터 아이의 방향을 잡아주지 않았던 것에 대해 아쉬움은 많았지만 후회는 하지 않았었다. 그러나 책을 읽도록 도와주지 못한 것은 지금도 너무 미안하고 후회되는 부분이다.

　많은 사람들이 독서는 중요하다고 생각한다. 그러나 막상 읽으려면 시간이 없다는 핑계로 소홀히 하기 일쑤다. 사실 시간이 없어서가 아니라 어릴 때부터 독서 습관이 잡혀있지 않기 때문이 아닐까. 책은 아이들의 인격을 형성시키는 데 중요한 역할을 하고, 세상을 살아가는 원동력이 되며, 지혜의 바탕을 심어준다. 현명한 생각들은 어려운 일을 이겨낼 수 있도록 도와주고, 간접 체험으로 삶의 길을 밝혀주는 등대가 되기도 한다. 그리고 공부를 잘할 수 있는 지름길이 되기도 한다. 책을 많이 읽으면 학습의 모든 과정에서 필요한 사고력이 발달한다.

책의 중요성은 아무리 강조해도 지나치지 않다. 그렇다면 언제부터 아이들이 책을 읽도록 해야 할까?

유대인의 자녀교육서를 보면 태아가 엄마 뱃속에 있을 때부터 이야기를 들려주며 시작하라는 말이 있다. 그만큼 어릴 때 시작하는 독서가 중요하다는 말이다. 아이가 태어나면서부터 하루에 한 번, 잠들기 전에 동화책을 읽어준다면 아이의 세상은 더욱 넓어질 것이다. 여유가 된다면 아이의 방에 책을 접할 수 있는 작은 이야기 공간을 따로 꾸며 자연스레 책과 마주치며 노는 분위기를 만들어 주는 것도 좋다. 아이는 그림책부터 시작해 자연스럽게 책을 읽는 습관을 기를 수 있을 것이다.

또한 아이가 성장할 때마다 수준에 맞는 책을 적절히 구비하고 아이와 함께 그 책에 대한 느낌이나 감정을 서로 이야기하면서 공감대를 형성하도록 하자. 감정을 나누고 공유하는 것 자체가 아이와의 유대감을 높일 수 있는 기회가 되고, 정서 발달에 더없이 좋은 영향을 미친다. 초등학생쯤 되면 시간이 될 때마다 부모님과 함께 도서관에 다니는 것도 좋은 방법이다.

우리는 아이를 잘 키우기 위해 여러 가지 방법을 모색한다. 사교육을 시키고 책을 읽어주는 과외 선생님도 초빙하고 논술학원에 보내기도 한다. 그러나 자녀교육은 일방적인 가르침이 아니라 아이 스스로 보고, 듣고, 느끼고자 하는 욕구가 생길 수 있도록 엄마가 이끌어주는 것부터가 시작이라고 생각한다. 도서관은 그 모든 것을 충족시킬 수 있는 공간이다. 읽고 싶은 책을 마음껏 읽을 수 있고, 책을 읽는 사람들과 시간을 공유하며 도서관에서 운영하는 다양한 독서 프로그램에 참여해볼 수도 있다. 책을 읽으라고 잔소리하지 않아도 자연스럽게 읽게 되는 공간이 바로 도서관이다.

책을 많이 읽어두지 못했던 시간을 아쉬워하는 재웅이를 위해 지금이라도 독서의 기회를 주려고 많이 노력했다. 생계를 책임지느라 늘 바빴지만, 재웅이가 다니던 학교에서 '도서관 학부모 사서 도우미'를 자청했다. 일주일에 두 번, 책을 정리하고 도서관 내부 환경정리를 도맡아 하는 일이었다. 그러다보니 사서 선생님으로부터 아이에게 필요한 책에 대한 정보를 많이 얻게 되면서 재웅이에게 좋은 책을 골라줄 수 있는 눈도 생겼다. 엄마가 도서관에 드나드니까 재웅이도 엄마가 있는 도서관에 들러 책을 보면서 자연스럽게 독서 습관을 기르게 되었다.

일주일에 두 번씩 학교에 가니 학교 소식도 잘 알게 되고 재웅이의 학교생활 태도도 간접적으로 들을 수 있어서 사서 도우미 봉사는 일석이조의 효과가 있었다. 엄마들이 일부러 학교를 찾는다는 게 참 쉽지 않은 일인데, 이렇게 어떤 역할을 수행하면서 자연스레 학교에 오게 되니 여러 모로 얻는 게 많았던 것이다.

12

포기하고 싶은 고비의 순간들
: 부모는 아이의 손을 끝까지 잡아야 한다

어떠한 상황에서건 자녀를 포기하지 않는 부모는 존경받아 마땅하다. 부모도 사람인지라 아이를 키우다보면 지칠 때가 많다. 왜 유독 우리 아이만 공부를 안 하고 방황하며 날 힘들게 하는지 모르겠다고, 이제 더 이상 어쩌지 못하겠다고 '포기 선언'을 해버리고 싶은 순간도 많다. 그러나 그렇게 포기해버리면 아이들은 커서 그때 왜 나에게 더 공부하라고 채찍질하지 않았냐고, 내게 해준 게 뭐냐고 부모를 원망하게 될지도 모른다.

또 다른 이유로 아이를 포기하는 부모님도 있다. 언젠가 아는 지인의 집을 방문했다가 우연히 안타까운 말을 들었다.

"우리 윗집의 아이들이 아직 초등학생인데 공부를 벌써 포기하고 안 시킨대요."

“왜요?”

“공부를 시킬 만한 능력도, 여력도 안 되니 그렇죠, 뭐. 저 형편에 시켜봐야 남들 다 하는 과외도 못 시키는데…… 요즘은 개천에서 용 나는 시대가 아니잖아요. 현실이 그렇긴 해요.”

나는 단호히 아니라고 이야기했다. 돈이 있다고 공부를 잘하는 것도, 돈이 없다고 공부를 못하는 것도 아니라고, 아직도 개천에서 용이 나올 수 있다고 말했다. 공부는 돈이나 어려운 가정환경과는 상관이 없다. 언제라도 공부할 수 있는 기회를 자녀에게 주기 위해 엄마들은 포기하지 말고 아이의 마음의 문을 두드려야 한다. 아이가 안 한다고, 환경이 나쁘다고 자식을 포기한다면 훗날 반드시 후회하게 된다. 구회 말 투아웃이라도 역전할 기회가 있는 것이 공부다. 자녀의 손을 끝까지 놓지 않고 함께 가는 부모가 되어주어야 한다.

무엇인가를 시작할 때 마음을 다 잡는 말이 있다.

“할 수 있다. 하면 된다.”

마음을 강하고, 단단하게 해주는 기합의 의미다. 나 역시 아이를 키우다보면 때로 너무 힘들고 지쳐서 포기하고 싶은 충동을 매번 느낀다. 공부는 결국 스스로 하는 것인데 엄마가 애원을 해도 하지 않으니 이제 두 손, 두 발 다 들었다는 엄마들도 많다. 부모가 포기하면 아이도 결국 포기한다. 누군가 믿고 지지해주는 사람이 있다는 사실과 부모조차 공부를 포기해버렸다는 사실 사이에는 큰 차이가 있다. 아이들은 의외로 작은 것에 일어서고 작은 것에 상처받고 좌절한다.

지인 중에 딸과 아들을 둔 어머니가 있었는데, 집은 부유한 편이었으나 두 남매가 중학교에 들어가면서 공부에 완전히 등을 돌리고 가출을 일삼으며 엄마 속을 무던히도 썩였다고 한다. 그 엄마는 두 아이 때문에 흘린 눈물이 한강을 흐르게 했을 것이라며 자식 때문에 죽을 것 같다는 말을 자주 했다. 그러나 이 엄마는 그럼에도 자녀들을 포기하지 않았다. 끊임없는 호소로 아이들을 불러들였다. 결국 엄마의 눈물에 감동한 딸이 돌아왔다.

방황하다 돌아온 딸은 고등학교 2학년으로 올라가자 지난 날을 후회하며 죽을 힘을 다해 공부하고 있다고 한다. 이제는 너무 공부를 열심히 해서 큰일이라고 할 정도다. 딸이 다시 돌아와 자기 자리를 찾은 것은 결국 끝까지 손을 놓지 않고 포기하지 않는 엄마의 사랑 때문이었을 것이다.

또 다른 지인은 고등학생 딸을 가진 부모다. 딸은 학교에서 일명 문제아로 낙인 찍혀 외모를 치장하기에 바빴고 집에도 잘 들어오지 않았다. 이 아이의 엄마는 아주 강한 엄마였다. 끝까지 딸이 다시 돌아오리라는 것을, 자기 자리를 찾으리라는 것을 믿으며 끈질기게 아이를 이끌었다. 결국 이 아이도 고등학교 3학년 때부터 공부를 하기 시작했다. 밤낮으로 잠도 안 자고 얼마나 공부를 열심히 했던지 전교 1등까지 해버렸다. 마침내 명문대 법대에 수시전형으로 입학하게 되었다고 한다. 그리고 대학교 2학년 때 단 한 번의 실패도 없이 사법고시 1차 시험에 합격했다. 삶이 완전히 달라진 것이다. 포기하지 않는 엄마가 있었기에 가능한 일이었다.

　아이들은 때로 넘어질 수 있다. 그럴 때 부모님들이 끝까지 포기하지 않는다면 아이들은 곧장 일어설 수 있다. 성적은 바닥이고, 산만해서 선생님에게 지적을 받고, 아이들에게 놀림을 받던 재웅이를 내가 그냥 포기해버렸다면 지금의 재웅이는 없었을 것이다. 가끔 재웅이는 내게 이렇게 말한다.

　"엄마, 그때 나를 잘 잡아줘서, 공부를 가르쳐줘서 고마워요."

엄마의 말이 잔소리가 되지 않으려면?

: 긍정의 말이 기적을 낳는다

모든 부모들은 자녀가 자신보다 더 나은 삶을 살기를 간절히 바란다. 나는 비록 내 꿈을 펼치지 못했지만 내 아이는 그것을 이루며 살기를, 지금은 잘살지 못해도 내 아이는 풍족한 삶을 누리기를 바란다. 그래서 그간의 경험을 바탕으로 자녀들에게 후회하지 않는 삶을 알려주고자 '착하고 정직하게 살아라, 열심히 공부해라, 좋은 친구를 사귀어라' 같은 가르침을 끊임없이 반복한다.

그러나 지난날 우리네가 그랬듯 아이들에게 이런 외침은 자칫 잔소리로 치부되고, 그로 인한 스트레스로 가출도 불사하는 아이들까지 있다. 한창 때의 아이들은 예민하고 경험이 부족해 어려운 상황을 이겨내는 것에 익숙하지 않다. 그래서 부모들은 더욱 무한한 애정과 세심한 관심을 기울여야 한다. 결국 아이가 커갈수록 점점 더 중요해지는 것은 아이의 마음을 이해하고 그 마음을 얻는 게 아닐까. 부모가 자녀들에게 해줄 수 있는 최선의 일은 바로 '긍정의 언어'를 들려주는 것이다. 어릴 때부터 세상을 긍정적으로 바라볼 수 있도록, 언제나 행복한 삶을 영위할 수 있도록 긍정의 언어로 아이들을 대한다면 부모와 자식간의 갈등도 최소화할 수 있을 것이다.

긍정적인 말은 세상과 어울려 조화롭게 살아갈 수 있는 바탕이 되며, 어려운 상황이 와도 쉽게 이겨낼 용기를 갖게 한다. 또한 부모와 자녀가 서로를 이해하고 진심어린 소통을 나눌 수 있는 기초가 된다. 이것은 성적보다 우선 행해져야 할 중요한 부분이다. 앞서 밝혔듯이 나는 갑작스런 사업 실패로 집이 경매에 넘어가 살 집이 없을 정도로 집안 형편이 나빴고, 더 나아지지 않는 삶의 순간들은 그 자체가 고통이었다. 막다른 골목에 선 듯한 절망감이 생의 전체를 뒤덮고 있는 것 같았다. 이 고통과 절망은 아이들 역시 함께 겪어야 했기에 부모로서 죄책감과 미안함은 이루 말로 다하지 못할 만큼 컸다.

하지만 시간이 흐른 지금, 많은 사람들이 두 아이를 어떻게 그리 잘 키웠냐며 내게 그 비법을 묻곤 한다. 어려운 환경 속에 방치되었던 아이들이 비뚤어지지 않고 성실하고 올바르게 잘 자랄 수 있었던 그 비법이란, 바로 삶을 긍정적으로 대하는 자세였다. 힘들고 고통스럽고 아픈 상황이었지만 나는 항상 아이들에게 '넌 할 수 있어. 훌륭한 사람이 될 거야. 모든 게 잘 될 거야. 공부 잘할 수 있어. 전교 1등 할 수 있어. 우린 다 잘 될 거야' 같은 긍정의 말을 해주었다. 그것은 단순히 아이들을 안심시키기 위해 내뱉는 말이 아니었다. 나의 내면에서 우러나오는 다짐이자 확신이었다.

　아이들은 엄마가 말해주는 긍정적인 미래에서 불안을 걷어내고 힘을 얻으며 어려움에 동요하지 않았다. 그러자 놀랍게도 내뱉은 말대로 아이들의 삶이 긍정적으로 흘러갔고, 희망했던 일들이 차근차근 현실로 이루어졌다. 그저 할 수 있다는 단순한 말이었는데, 그것은 곧 기적을 불러왔다. 아이들은 어딜 가나 긍정적인 성격을 가졌다는 칭찬을 듣는다. 아마도 어릴 때부터 늘 긍정적인 말만 듣고 자랐기 때문일 것이다. 어떤 상황에서도 다시 이겨낼 수 있다는 믿음, 그것은 인생에서 무엇과도 바꿀 수 없는 정신적 자산이다. 부모의 언어가 바뀌면 내 아이의 언어도 바뀔 뿐 아니라 미래도 바뀌는 것이다.

스스로 공부할 수 있는 힘!
: 공부하고자 하는 강력한 동기를 만들어주어라

　재웅이는 초등학교 4학년까지 하위그룹, 그러니까 꼴지 대열에 있었다. 누가 공부를 잘하는지 못하는지는 전혀 관심이 없었고, 그저 다른 것에 큰 영향을 받지 않고 친구들과 어울려 노는 것에만 집중하며 행복해했다. 그러다가 5학년 때부터 엄마와 공부를 하면서 공부에 재미를 느꼈고, 중학교에 가면서부터 점차 성적이 올라 전교 1등을 하는 수준까지 도달했다. 고등학교에 입학할 때는 내신과 모의고사를 모두 합해 1등으로 입학해 주위 사람들을 놀라게 만들었다. 어린 시절 재웅이가 어땠는지를 아는 친척들과 이웃들은 어려운 환경에서도 발전에 발전을 거듭한 재웅이를 보며 모두가 기적이라고 입을 모았고 칭찬을 아끼지 않았다.

　공부하라고 잔소리하기 전에 알아서 스스로 공부하는 아이. 이것은 모든 부모들의 로망이다. 실제로 아이들은 부모 마음대로 쉽게 움직여지지 않기 때문이다. 하지만 공부란 '스스로' 해야 진짜 자기 공부가된다. 꼴찌 대열에 있던 재웅이가 전교 1등까지 오를 수 있었던 것도바로 '알아서 스스로' 했기 때문이다. 물론 공부하는 방법을 찾아가기까지 지난한 과정을 거쳐야 했지만, 결국 공부를 온전히 자신의 것으로 만들게 된 것은 스스로 공부를 시작하면서부터다.

잔소리보다 효과적인 것은 바로 '공부를 하고자 하는 동기' 또는'스스로 공부할 수 있는 힘'을 만들어주는 것이다. 공부를 하고자 하는강력한 동기가 있다면, 억지로 시키지 않아도 스스로 할 수밖에 없다.그렇다면 어떻게 공부에 대한 강력한 동기를 부여할 수 있을까.

일단 귀를 열어두어야 한다. 옆집, 친척집, 교회, 신문, 책 등에서 보거나 살면서 들을 수 있는 무수한 이야기 중에서 공부로 인해 인생이뒤바뀌었거나 성공한 사례, 모범이 될 만한 사례들을 기억하고 있다가 밥을 먹으면서, 혹은 자연스러운 자리에서 흘리듯 들려주면 '나도그렇게 되어야지' 하는 마음을 조금씩 끌어올릴 수 있다. '부럽다'는감정이 '나도 해보겠다'라는 적극적인 결심으로 이어질 수 있도록 너무 반복적이지 않으면서 부담스럽지 않은 수준에서 들려주는 것이 좋다. 이때 절대 아이와 비교를 해서는 안 된다. 성공한 사례를 이야기하면서 아이에 대해 비난하거나 비판적인 말을 동시에 하게 되면, 비교당한다는 느낌 때문에 되려 저항감만 불러오게 된다.

재웅이의 경우 공부를 열심히 하게 된 데에는 적절한 동기 부여가 가장 큰 역할을 했다고 확신한다. 공부를 못할 때는 집에 놀러오지 못하게 쫓아내던 친구 할머니가 공부를 잘하게 되자 놀러 오라는 초대를 했을 때, 공부를 잘하면 돈을 받고 학교에 다닐 수 있다는 사실을 알았을 때, 주위 사람들에게 매일 칭찬을 들었을 때, 재웅이와 나의 마음속에는 공부를 하고자 하는 강력한 힘이 자리 잡은 것이다. 공부를 잘한다는 것, 그로 인해 달콤한 성취감을 맛본다는 것, 또한 그에 대한 대가를 받는다는 것이 어떤 것인지 스스로 알게 되었다. 이런 일들을 계기로 재웅이는 주도적으로 공부하기 시작했다. 물론 이러한 힘은 한 번으로는 부족하다. 끊임없는 격려와 칭찬으로 그 강력한 동기를 지속적으로 유지할 수 있게끔 주변에서 많은 도움을 주어야 한다. 그래야 그 힘을 받은 아이들이 때론 힘들고 포기하고 싶은 순간에 직면했을 때에도 잘 이겨낼 수 있을 것이다.

15

성적에 반영되지 않는다고 대충 하지 말 것
: 배치고사 결과는 남은 학교 생활을 좌우한다

배치고사란 중학교에 입학할 때와 고등학교에 입학할 때, 균형 잡힌 반 편성을 위해 미리 학생들의 학업성취도를 평가하는 시험이다. 그러니까 새 학교에서의 첫 출발이 되는 시험이다.

보통 이 시험을 단순히 반 편성을 위한 시험이라고만 생각해서 별 관심이 없는 학생들과 학부모가 의외로 많다. 그 결과가 성적에 반영되지 않기 때문이다. 그러나 이 시험은 성적에 반영되거나 입시에 영향을 미치는 것과는 별개로 매우 중요한 시험이라는 것을 명심해야 한다. 학부모들과 상담을 하면서 배치고사 준비를 열심히 해야 한다고 조언을 하면 "아, 그 시험이요? 학원에서 별로 중요하지 않다고 하던데"라며 대수롭지 않게 생각하는 엄마들이 많았다. 아마 학원에서는 선행 학습을 하기에도 바쁘기 때문일 것이다.

배치고사가 중요한 것은 앞으로 시작될 학교생활 때문이다. 새 담임선생님은 각기 다른 학교에서 모여든 학생들의 성적을 알 길이 없다. 따라서 배치고사 결과는 학생 개개인의 첫 이미지가 되는 것이다. 우수한 성적으로 입학하는 학생들은 선생님의 눈에 '공부 잘하는 아이'로 설정되고, 암묵적인 주목과 기대를 받을 수밖에 없다. 누군가의 기대를 받게 되면 그 기대를 저버리지 않기 위해서라도 더 열심히 노력하게 된다. 이것 자체가 학생에게는 큰 동기 부여가 된다.

그뿐만 아니라 리더로 설 가능성도 높다. 서로가 잘 모르는 상태에서는 보통 공부를 잘하는 아이들이 반장이나 부반장으로 뽑힐 확률이 높고, 이렇게 초반에 주목을 받게 되면 남은 학교생활에서 유리한 점이 많다. 학부모 총회가 열려 부모님이 학교를 찾을 때도, 선생님은 배치고사 성적을 바탕으로 각각의 학생들이 나아갈 방향을 부모님과 상의하게 된다.

물론 그렇다고 이 시험에 목숨 걸 필요는 없다. 의외로 많은 학생들이 큰 관심이 없기 때문에 상대적으로 조금만 공부해도 평소보다 좋은 성적을 받을 수도 있다. 특히 중학교에서 고등학교로 올라가는 배치고사는 매우 중요하다. 우수한 성적으로 고등학교에 입학하면 교장 선생님을 비롯해 많은 선생님들에게 주목을 받게 되는데, 이는 곧 대학 입시와 직결된다. 우수한 대학교에 입학할 가능성이 있는 아이로 분류되면 아무래도 선생님의 더 높은 관심과 배려를 기대할 수 있기 때문이다.

또한 내신과 배치고사를 합산한 등수를 산정해 우수한 학생들을 모아 공부시키는 면학반을 운영하는 학교가 많다. 말하자면 방과 후 특별 도서관이다. 시설도 좋아서 3년간 공부를 잘할 수 있도록 학교에서 배려해준다. 물론 매번 시험을 치를 때마다 결과에 따라 구성원은 계속 바뀔 수 있지만 초기에 면학반에 들어가는 것과는 다르다. 즉, 배치고사 결과는 내신에 반영되지 않지만 여러 가지 이득을 볼 수 있는 시험이다.

그렇다면 배치고사 준비는 어떻게 해야 하는 것일까. 당시 배치고사의 중요성을 알려준 사람이 없었지만 나는 배치고사를 준비했다. 내가 어릴 적에도 초등학교를 졸업하면 배치고사를 치렀는데 졸업할 때는 1등으로 우등상을 받으며 졸업했지만, 배치고사에서 다른 친구가 1등으로 중학교에 입학했다. 그 친구는 배치고사 결과로 3년간 장학금을 받으며 학교에 다녔다. 모두들 어려운 시절이라 그 친구가 어찌나 부럽던지 아직도 기억이 생생하다. 예전처럼 3년 장학금을 주는 것은 아니지만 배치고사에서 1등을 해서 공부를 잘한다고 주목을 받으면 재웅이에게 큰 힘이 될 것이라 생각했다.

배치고사 문제집은 여러 출판사에서 다양하게 나와 있어서 여러 종류를 사서 중학교에 가기 전 틈나는 대로 풀도록 했다. 그 덕에 전교 27등, 반 석차 4등으로 입학했다. 공부라는 것을 전혀 모르던 아이가 여러 초등학교에서 모인 학생들 사이에서 그런 성적을 낼 수 있었던 것은 방학 때 놀지 않고 배치고사 문제집을 다양하게 많이 풀었기 때문이었다. 그 시험 결과로 재웅이는 상위권에 드는 공부 잘하는 학생이 되었고 자신감도 한층 높아졌다.

고등학교에 올라가기 전에도 재웅이는 배치고사 문제집으로 공부해 내신과 모의고사를 합산하여 전교 1등으로 입학하게 되었다. 이 성적으로 인천시에서 운영하는 이공계 수학 영재교실에도 뽑혀 매주 토요일마다 우수한 선생님들에게 수학을 배울 수 있게 되었다. 과외로 치면 상당히 비싼 고액 과외였을 것이다. 당시 도서관에서 함께 배치고사 문제집을 풀었던 친구들도 수학 영재교실에 뽑혀 같이 공부하게 되었다. 모두들 열심히 배치고사를 준비해 좋은 성적을 받았기 때문이다.

고등학교에 입학한 재웅이는 많은 이들의 주목을 받고, 다시 한 번 자신감을 충전해 열심히 공부하고 새로운 일에도 도전하는 등 좋은 방향으로 변화했다. 배치고사는 성적에 반영되지 않지만 많은 영향을 끼친다. 초등학교나 중학교에서 조금 부족했더라도 배치고사를 열심히 준비해 좋은 성적으로 입학한다면 남은 학교 생활이 완전히 달라지는 것이다.

16

특목고에 도전해보자

: 실패하더라도 준비 과정 자체가 새로운 공부다

재웅이가 중학교 2학년 때 전교 1등을 했고 수학과 과학을 좋아했기 때문에 우리는 높은 목표에 도전해보기로 했다. 바로 '과학고 입학'이라는 목표였다. 다소 높은 목표인 과학고를 준비하며 공부하는 과정에서 관련 전문가의 상담을 들어보니, 이미 과학고를 들어가기엔 너무 늦었으며 한계가 있다는 판단을 했다. 그 후 3학년이 되어 국제고를 견학하게 되었다. 마음을 사로잡는 비전과 학교 시설들에 마음이 끌려 뒤늦게 국제고라는 새로운 목표를 설정하고 도전했다. 열심히 노력하고 간절히 바랐지만 입학에 실패한 것은 어쩌면 당연한 결과였다. 그 과정을 겪으며 큰 깨달음을 얻었으니 그것은 정보를 빠르게 얻어서 미리 준비하지 않았던 것에 대한 아쉬움이었다.

공부는 그 순간의 기회가 지나가면 선택의 폭이 줄어든다. 생각 같아서는 시간이라도 움직여 아이의 나이를 거꾸로 돌려놓고 싶지만 그럴 수도 없다. 대학 입시는 실패해도 몇 번이고 다시 도전하면 되지만 고등학교의 입시 실패는 타격이 커서 차선책을 세울 수밖에 없다. 그렇기 때문에 일단 아이의 적성과 성적 등을 고려해 여건이 된다면 특목고를 목표로 공부해보는 것은 입시 대비에 큰 도움이 될 것이다.

특목고는 일반고에 비해 교사진의 수준이 높아 따로 과외를 하지 않아도 된다는 이점이 있다. 정원도 일반고와는 비교가 되지 않을 만큼 적은데, 1학년 총 인원이 90명이었고 한 학급이 10명으로 이루어져 개인별 성적이나 진로 등을 맞춤형으로 잘 잡아줄 수 있는 시스템을 갖고 있었다. 학생들도 우수한 아이들을 모아놓고 보니 면학 분위기가 자연스레 조성되어 그 안에서 자극을 받으며 더 열심히 하게 되는 효과도 있다. 과학고에서는 명문대 진학률이 90% 가까워 아이들의 우수성은 말하지 않아도 알 수 있다.

엄마들은 특목고에 가면 내신이 불리하지 않을까, 특목고에서 중위권에 들 바에야 일반고에 들어가 상위권을 유지하는 것이 더 낫다는 전략으로 아이들을 일반고에 보내는 경우가 간혹 있다. 그러나 그것 역시 뜻대로 되진 않는다. 일반고에 오는 우수한 학생들이 대부분 비슷한 생각으로 입학하기도 하고, 공부에 관심이 없는 아이들도 포진해 있어서 면학 분위기 조성이 잘 되지 않아 악영향을 끼칠 수 있다. 물론 일반고라고 해서 쉬운 것은 아니다. 아무리 공부를 잘했어도 고등학교의 분위기가 어떠한가에 따라 엄마들이 손을 써볼 새도 없이

‘평범한 학생’이 되는 수가 있다.

입시 제도는 늘 변하기 때문에 특목고가 선호될 때도 있고 그렇지 않을 때도 있지만, 입학할 실력을 갖고 있다면 특목고에 도전해서 공부해보기를 권한다. 설령 탈락한다 해도 특목고 입시를 위해 준비했던 여러 과정들은 고스란히 자기 실력이 되어 남기 때문이다. 새로운 도전을 통해 많은 것을 배울 수 있는 기회가 될 수 있으니 실패를 두려워하지 말고 한번 저질러보는 건 어떨까.

어느날 갑자기 찾아온 불청객, 사춘기와의 전쟁
: 변화를 유연하게 받아들일 것

주위 사람들이 재웅이 이야기를 들으면 공통적으로 묻는 것이 있다.

"재웅이에게도 사춘기가 있었나요?"

"사춘기를 어떻게 보냈나요?"

"사춘기 때 재웅이는 어떤 행동을 했어요?"

사춘기는 아이들이 성장하면서 반드시 한 번은 겪는 시기다. 어떤 아이들은 초등학교 때부터 일찍 겪기도 하고 중학교 시절에 정점에 오르는 아이들도 있다. 하지만 남자아이들은 대부분 고등학교 때 사춘기라는 방랑의 시기가 찾아온다.

초등학교에서 실컷 놀고 중학교에서 실컷 공부했던 재웅이의 사춘기는 고등학교 1학년 때 찾아왔다. 사춘기가 왔음을 깨달은 것은 독서실에 있으리라 생각했던 재웅이가 사라졌을 때였다. 당연히 독서실에

서 열심히 공부하고 있을 것이라 믿고 남편과 함께 간식을 사서 독서
실에 갔는데, 우리를 맞이하던 관리 아저씨가 재웅이는 밖에 나간 지
이미 오래 되었다는 것이다. 한 번도 연락 없이 독서실을 비우는 일이
없어서 남편과 나는 적잖이 놀랐다. 한 시간이나 밖에서 기다린 끝에
독서실로 돌아오는 재웅이를 발견했다. 엄마, 아빠를 보고 화들짝 놀
란 재웅이는 어디 갔다 왔냐는 물음에 제대로 대답을 못하고 쭈뼛쭈
뼛 서 있었다. 무언가 잘못한 일이 있다고 생각하고 남편이 재차 물으
니 친구들과 노래방에 다녀오는 길이라고 털어놓았다.

노래방이라니…… 어렸을 때조차 가요나 TV에 관심이 없던 아이라
서 그런 것에는 전혀 흥미가 없다고 생각했었다. 이 사건은 시작일 뿐
이었다. 재웅이는 갑자기 가요 프로그램이나 TV 예능 프로그램에 빠
지기 시작했다. 한창 열풍이 불고 있던 '소녀시대'에도 빠져들었다. 재
웅이 또래의 아들을 두고 있는 엄마들이라면 모르는 사람이 없을 바
로 그 소녀시대. 그 소녀시대가 재웅이에게도 찾아온 것이다. 공부는
여전히 열심히 했으나 눈빛이 예전과는 달랐다. 자주 딴생각을 하는
것 같았고 집에서도 노래를 흥얼거리는 시간이 많아졌다. 너무 시끄
럽게 불러서 식구들이 그만하라고 소리칠 정도였다.

하루는 재웅이의 휴대폰을 열어보았는데 화면에 머리를 길게 늘
힌 여자아이의 모습이 보였다. 지금까지 재웅이의 휴대폰 초기 화면
은 항상 공부계획표나 다짐의 말, 좌우명이 입력되어 있었는데 갑자
기 여자 얼굴이 떡하니 자리한 것이다. 소녀시대의 윤아였다. 전에 없

던 변화라서 놀란 내가 얼른 지우라고 하자, 지우기는커녕 "진짜 이쁘지? 천사 같아"라면서 윤아는 순수하게 생겼으니 성격도 착할 거라고 예찬하기 시작했다. 알 수 없는 짜증이 나서 나는 괜히 전혀 예쁘지 않다고 받아쳤다.

"그리고 엄마가 보기에 얼굴 예쁘면 머리가 나쁘더라?"

재웅이는 펄쩍 뛰었다.

"김태희를 봐. 그렇게 예쁘면서도 서울대 출신인데 어쩌려고 그런 말씀을 하시는지요?"

능구렁이처럼 약을 올렸다. 재웅이의 달라진 모습에 나도 모르게 처음으로 내 입에서 먼저 '공부하라'는 잔소리가 튀어나왔다.

그러나 곧장 마음을 바꾸어먹었다. 공부하라는 부모의 말은 잔소리로 이어지면서 아이에게 스트레스만 던져준다는 것을 곧 깨달았기 때문이다. 그냥 자연스럽게 받아들이자는 생각이 들었다. 아이들은 하고자 하는 것, 좋아하는 것을 못하게 하면 더 하려고 한다. 아이돌에 빠지면서 재웅이는 음악과 노래에도 빠지고 윤아에게도 빠졌지만, 이것은 심각한 수준으로 악화되지 않고 음악에 대한 적당한 관심과 흥미 정도로 이어졌다.

사춘기에는 어디로 튈지 모르는 돌발 행동을 할 수 있기 때문에 부모 입장에서 조바심이 날 수밖에 없다. 진로 결정에 있어서 갑작스런 심경의 변화가 생겨 엉뚱한 결정을 하기도 한다. 노래를 사랑하게 된 재웅이가 어느날 갑자기 앞으로 음악으로 먹고 살겠다고 완전히 공부

　실제로 이런 일이 있었다. 동네에서 옷가게를 하는 지인의 이야기다. 만날 때마다 공부 잘하는 아들 자랑에 시간 가는 줄 모르는 엄마였다. 아들은 중학교 3학년이었는데 반에서 1~2등, 전교에서도 10등 안에 드는 우수한 학생이었다. 중학교 3학년이 되자 고등학교에 들어가면 악기를 하나씩 배워두는 것도 좋다는 사람들의 말에 기타학원에 등록시켰다. 그랬더니 아이가 기타에 완전히 빠져들었고 이 시기에 사춘기가 찾아왔다.

　고등학생이 된 아이는 공부보다 음악을 사랑했다. 밤늦게까지 음악을 듣고 학교는 늘 지각하기 일쑤였고 급기야 결석을 하는 일도 잦아졌다. 학교에서 선생님이 전화하면 아프다고 거짓말을 해달라고 부탁하기도 했다. 이 엄마는 공부 잘하던 애한테 괜히 기타를 배우게 해서 망쳤다며 스스로를 원망했다.

　또 어느 지인 중에 남들이 모두 부러워할 만한 아들을 둔 분이 있었다. 초등학교 시절 영재로 자랐고, 예의 바르고 모범적인 아이였으며, 꽃미남처럼 잘생긴 얼굴에 리더십까지 있어 반장은 물론 전교회장으로도 활동하는, 그야말로 어느 하나 빠지는 게 없는 '엄친아'였다. 특히 과학을 잘했기에 과학고로 진학해 과학 인재로 자랄 것이라는 점에 한치의 의심도 품을 수 없는 아이였다. 이런 엄친아를 둔 지인이 어느 날 내게 놀라운 이야기를 전했다.

　"어제 저 심장이 멎는 줄 알았어요. 어처구니가 없네요."

　조용하고 차분한 성품인데 이야기를 할수록 얼굴에 열이 오르는 것이 보였다.

　"우리 아들이 저를 부르더니요, 진로에 대해서 가족에게 할 말이 있다는 거예요."

　지인과 가족들은 별 생각없이 당연히 공부와 관련된 이야기인 줄 알고 잠자코 이야기를 들었는데 그 아들의 입에서 나온 말은 가족을 충격으로 몰아넣었다.

　"앞으로 진로를 댄서로 정했다는 거예요!"

　지인은 순간 자신이 잘못 들은 줄 알고 되물었다고 한다.

　"댄서? 그거 춤추는 거 아니니? 네가? 춤을…… 춘다고?"

　당연한 반문이었다. 그때까지 엄마는 이 얌전한 아들이 공부하는 모습만 보아왔고, 음악을 좋아하기는커녕 노래 한 번 흥얼거리는 걸 들어보지 못했으니 댄서가 되겠다는 폭탄 선언은 가족 모두를 충격에 빠지게 했다.

　나에게 그 이야기를 들려주던 지인은 충격과 흥분이 채 가시지 않은 듯했다. 듣고 있는 나 또한 평소 보아온 그 아이의 얌전했던 성격이나 수줍음 많던 모습들이 떠올라 뜻밖의 이야기에 놀란 표정을 감추지 못했다. 도대체 엄마 모르게 어디서 어떻게 친구들과 춤 연습을 했던 것일까? 늘 모범생으로 사춘기도 겪지 않고 지나갈 것 같았던 그 아이, 그집에도 드디어 올 것이 오고야 만 것이다. 아이를 키우다 보면 이렇듯 전혀 상상하지 못했던 급격한 변화가 예고도 없이 갑자기 찾아온다. 사춘기와의 전쟁이 시작되는 것이다. 성격이 완전히 바뀐다던가, 혹은 지인의 아들처럼 갑자기 진로를 변경하는 등 사춘기는 여러 가지 모습으로 찾아와 엄마들을 혼란에 빠트린다. 하루 아침에 너무나 낯선 아이가 저 멀리 서 있는 광경을 목격하게 되는 것이다.

상담을 했던 어떤 엄마는 아이가 고등학생이 된 후로 말을 걸기만 하면 "됐어요" "알았어요"라고 하면서 방문을 쾅 닫고 들어가버린다고 하소연을 했다. 이 아이가 과연 지금까지 내가 애지중지 키웠던 그 아이가 맞는지 의심이 될 정도로 퉁명스럽고 낯설어서 눈물이 핑 돌았다는 것이다.

또 어느 엄마는 이런 말을 했다.

'사춘기 자녀를 겪어보지 않았다면 인생을 논하지 말라!'

부모에게 있어 갑작스럽게 변한 자녀의 마음을 얻는 것이 얼마나 힘들고 어려웠으면 이런 말이 나왔을까. 많은 부모들이 이 시기에 자식 때문에 눈물 한 바가지씩 흘려보지 않은 이들이 없을 것이다. 아이들에게 사춘기가 찾아오면 가장 먼저 나타나는 현상이 바로 '반항심'의 표출이다. 무슨 말을 해도 잔소리로 듣고, 빗나가기 일쑤며 오직 또래 친구들하고만 관계를 맺으려 하고, 이성에 눈을 뜨면서 어른처럼 행동하려고 한다. 또 유난히 좌절과 절망감을 쉽게 느끼며 공부나 친구 문제 등의 고민이 깊어져 우울증에 빠지기도 하고, 심지어 극단적인 생각까지 할 수 있다.

하지만 그럼에도 스스로 미래를 그리려는 의지가 단단해질 수 있고 열정과 꿈 역시 넘쳐서 이 시기를 잘 보내면 더 높이 날아오를 수도 있다. 어찌 보면 할 수 있다는 자신감으로 무엇이든 이룰 수 있다고 믿는 열정이 가장 활발한 시기인 것이다.

사춘기는 바로 이 엄청난 변화들을 한꺼번에 맞이하고 하루하루가 다른 삶이 이어지는 질풍노도의 시기다. 이 변화무쌍하고 불안정한 시기에 엄마들이 기억할 것은 한 가지다. 바로 이 순간 부모님의 역할이 매우 중요하다는 사실이다. 재웅이와 지나의 사춘기를 겪으면서 내가 가장 유념했던 것은 바로 '역지사지'의 정신이다. 항상 아이의 입장이 먼저 되어보는 것이다. 나 역시 한 번은 거치고 지나갔던 사춘기 시절을 떠올렸다. 모습은 다르지만 럭비공처럼 튀고 싶었던 그 시절을 떠올리며 아이들을 이해하려고 애썼다. '그렇게 하면 안 돼'가 아니라 '그럴 수도 있겠구나'를 생각하며 긍정적인 시각으로 아이들을 바라보아야 답을 찾을 수 있다.

사춘기 시절의 가장 큰 문제는 부모님과 감정적 대립각이 가장 날카롭다는 점이다. 이럴 때 여차하면 화가 난 부모들이 아이들의 자존심을 자극하는 말들을 쏟아낼 수 있는데, 그것은 아이들이 마음의 문을 닫도록 만드는 일등공신이 될 것이다. 아이들은 이 시기에 쉽게 상처를 받고 그 깊이 또한 깊어서 돌이킬 수 없는 결과가 나오기도 한다. 따라서 자녀에게 무조건적인 사랑을 베풀고 이해하는 것만이 이 시기를 현명하게 보내는 길이다. 소통과 대화를 통해 때론 부모가 아이들에게 질 줄 아는 지혜를 발휘해야 할 때인 것이다. 아이가 자신만의 세계를 가지려고 부모의 눈을 속이고 거짓말을 하는 경우도 있는데 부모들은 이것을 가장 참기 힘들어한다. 그러나 조금은 못 본 척, 못 들은 척 넘어가는 것도 괜찮다. 이 시절의 아이들에게 지나치게 잘잘못을 따지고 들면 정말 어디로 튀어버릴지 알 수가 없다.

누구나 사춘기를 겪는다. 이 중요한 시기에 엄마들은 옆에서 흔들리지 않는 뚝심으로 아이들이 사춘기를 잘 보낼 수 있도록 끊임없는 사랑으로 보듬어야 한다. 아이의 눈으로 아이와 함께 아이들의 세계로 들어가는 자연스러움이 필요한 것이다. 이렇게 부모로서 역할을 잘 해낸다면 사춘기는 의외로 쉽게 지나갈 수 있다. 재웅이도 한때 위태로워 보였고, 사춘기 특유의 방황으로 나를 고민에 빠트렸지만 비교적 조용히 이 시기를 넘기고 다시 제자리를 찾았다. 앞의 사례로 이야기했던 두 아이는 사춘기 시절 급작스런 변화로 부모님을 당황하게 했지만 결국 엄마들의 노력으로 잘 이끌어주어서 음악을 하겠다던 아이는 지금 작곡가로 활동하며 열정을 쏟고 있고, 다른 아이는 진로를 변경해 예술 분야의 길을 택했다고 한다. 아이들의 사춘기는 이렇게 인생을 바꾸어 놓는 중요한 시기가 되는 것이다.

사춘기를 겪지 않았다면 자신의 열정이 어디에 숨어 있었는지, 진정한 꿈은 무엇인지 어떻게 깨달을 수 있었겠는가? 10대 때 사춘기를 겪는 것은 이 단계를 거쳐 성숙한 인간으로 성장하기 위함이 아닐까. 어느 길로 가던지 자녀가 행복해지길 바라는 것이 결국 부모의 마음이다. 세계적으로 유명한 청소년 심리학자는 인생이 아름다워지는 것은 당신의 자녀가 10대를 어떻게 보내는가에 달려 있다고 이야기했다. 자녀가 10대를 잘 보낼 수 있도록 인내와 헌신의 삶을 사는 이 땅의 부모님들을 응원하며 아낌없는 박수를 보낸다.

더 이상 엄마 말이 먹히지 않는다
: 롤모델이 될 만한 멘토를 적극적으로 찾아나서라

아이들이 고등학교에 입학하면 엄마들은 긴장하기 시작한다. 가슴이 뛰고 마음이 무거워진다. 머리도 복잡해진다. 우리 아이가 가야 할 올바른 길과 방향은 어느 쪽이며, 과연 어떤 대학의 문을 두드리게 될까? 또 대학입시에 결정적 영향을 미치는 3년의 시간을 아이가 어떻게 보내도록 해야 할까? 이 중요한 시기에 엄마는 도대체 어떤 역할을 해야 하는 걸까?

모든 학생들에게는 3년이라는 인생은 똑같이 주어진다. 이 시간을 죽어라 공부하면서 보내거나 아니면 죽어라 방황하며 보내거나 어쨌든 3년이라는 시간은 빠르게 지나간다. 그러나 3년을 어떻게 보내느냐에 따라 이후의 인생은 완전히 달라질 것이다. 그것을 알고 있기에 엄마들은 마음을 졸이며 아이들을 지켜볼 수밖에 없다.

부모들이 이 시기의 자녀들에게 가장 바라는 것은 역시 '열심히 공부하는 것'이다. 우리 아이가 큰 스트레스나 좌절을 겪지 않고 목표를 향해 변함없이 꾸준한 공부를 해나간다면 부모 마음은 더할 나위 없이 안심이 되겠지만 그건 결코 쉬운 일이 아니다. 아이들에게도 예민한 시기라서 하루에도 수십 번씩 마음이 달라지고, 그것은 바로 공부에 영향을 주기 때문이다. 부모들의 조언도 그저 잔소리로 치부돼버린다.

재웅이 역시 이런 시기를 겪어야 했다. 나는 이 시기를 어떻게 하면 지혜롭게 극복할까를 고민하다가 재웅이에게 멘토를 소개해주기로 했다. 아이가 고등학생쯤 되면 부모의 조언은 더 이상 먹혀들어가지 않는다. 어릴 때부터 들어오던 같은 말의 반복일 뿐이기 때문이다. 그동안 반복적으로 들어온 이야기는 고등학생으로 성장한 아이에게 이미 소용이 없다. 그러나 자신과 비슷한 상황을 경험해본 멘토의 이야기는 다르다. 함께 공감하고 현실적인 조언을 구할 수 있는 부분이 많기 때문에 쉽게 수긍하고 잘 받아들인다. 같은 조언이라도 부모가 말할 때와 멘토가 말할 때 받아들이는 마음이 다르다. 멘토에 대해 이야기를 하면 많은 엄마들이 묻곤 한다.

"어떤 멘토를 붙여주어야 하나요?"

좋은 멘토란 첫째, 자녀와 생각이 잘 맞아야 하고 적절한 동기 부여를 해줄 수 있어야 한다. 가령 아이가 물리학 전공을 희망하고 있다면 같은 전공으로 대학에 합격한 선배를 주위에서 찾아 부탁해보자. 자신이 원하는 길을 먼저 가고 있으며 목적이 같은 선배는 멘토로서 최상의 조건이다.

둘째, 자녀가 힘이 들 때마다 좋은 조언으로 상황을 이끌어주고 때에 따라 해결책을 제시해줄 수 있는 멘토가 좋다. 가까운 주위 사람들 중에서 찾아보자. 아이와 아는 사이라면 이야기도 잘 통하고 이해도 빠르기 때문이다. 언제든 손을 뻗으면 힘이 될 수 있는 멘토는 방황하는 아이들에게 큰 도움이 된다. 반드시 공부에 관한 것이 아니라도 때에 따라 그 나이의 고민을 함께 나눌 수 있는 다양한 멘토들을 찾아 아이에게 소개시켜주는 것도 좋다. 유념할 것은 아이가 편하게 이야기를 나눌 수 있고 부담없는 사람이어야 한다는 것이다. 너무 크게 성공했거나 만나기 어려운 사람을 찾아다니면 멘토링의 효과를 기대하기 어렵다. 그들은 나와 달리 너무 특별한 사람들이라는 생각에 공감을 이끌어내기 어렵기 때문이다. 무엇이든 자연스러운 만남이 좋다. 아이에게는 먼저 멘토가 될 분의 장점들을 충분히 전달해 멘토에 대한 신뢰를 갖게 하는 것이 중요하다. 일단 신뢰할 만한 대상을 만나면 아이 스스로 조언을 진지하게 수용하게 된다. 멘토에게도 아이의 현재 상황을 충분히 설명해 많은 이야기가 오고갈 수 있도록 한다.

재웅이는 고1때부터 많은 멘토들을 만나왔다. 어디를 가던지 나는 정보를 수집하기 좋아했고 사람들의 이야기를 귀담아 들었다. 어떤 상황이건 멘토로서 적당한 분이라는 생각이 들면 적극적으로 아들의 상황을 설명하며 멘토가 되어줄 것을 부탁했다. 지금 생각해보니 단 한 분도 거절하지 않고 기꺼이 멘토가 돼주셨다. 참 감사한 일이었다.

재웅이의 영어가 정말 부족하다고 느꼈을 때 어떻게 하면 영어성적을 올릴 수 있을까 고민을 하다 주위를 둘러보니 반가운 분이 있었다. 같은 교회의 집사님이셨는데 유명한 영어 교재인『쭉쭉 읽어라』의 저자이신 김인규 선생님이다. 나는 틈만 나면 영어공부에 대해 묻고 가끔 재웅이의 멘토가 되어달라고 부탁했다. 처음 멘토로서 만났을 때 선생님은 책을 선물해주면서 영어를 공부하는 방법, 영어 공부가 잘 되지 않을 때 대처 방법 등에 대해 알려주었다.

또 재웅이가 가고 싶어 하는 서울대학교에 재학 중인 형이 있었다. 이분은 거의 고정 멘토로서 재웅이가 고등학교 1학년 말 무렵 사춘기가 찾아왔을 때 많은 조언을 해주었다. 공부를 하다보면 벽에 부딪칠 때도 있고, 지치고 포기하고 싶을 때도 있다. 그럴 때 어떻게 극복하면 되는지, 어떤 생각을 하면 되는지 정말 많은 도움을 주었다.

그밖에도 정말 많은 분들이 재웅이에게 힘을 실어주셨다. 나는 어디를 가나 멘토가 되줄 만한 분이 있다면 주저하지 않았다. 한번은 어느 대학 입시설명회를 간적이 있는데, 한 학생이 나와서 본인이 어떻게 공부해 이 대학이 들어올 수 있었는지 당차게 이야기하는 것을 보았다. 한눈에 여러 면에서 훌륭한 학생이라는 생각이 들었다. 나는 설명회가 끝나고 다른 사람들이 모두 돌아갈 때까지 기다렸다가 조심스레 다가가 아들의 이야기를 하며 멘토를 부탁했다. 그 학생은 기꺼이 멘토가 되어줄 것을 약속했고, 방학 때 재웅이를 만나 좋은 조언들을 들려주었다. 형이 없던 재웅이는 형 같은 멘토에게 친근함을 느꼈고 많은 조언을 수용하고 실천했다.

사실 어려운 일이 아니다. 부모가 관심만 가지면 주변에 훌륭한 멘토는 너무나 많다. 부모가 열 번 이야기하는 것보다 멘토 한 분을 찾아 도움을 받는 것이 아이들에게 훨씬 큰 힘이 된다.

아이를 키우는 것은 콩나물 키우기와 같다
: 관심과 사랑은 지나치지도 모자라지도 않게

엄마들은 고민이 많다. 아이들은 어느덧 자라 사춘기를 겪고 예민해지면서, 툭하면 짜증을 내고 말만 붙여도 방문을 닫고 돌아서니 어떻게 해야할지 당황스럽고 힘이 든다. 이럴 때 부모가 아이들에게 보내는 관심은 어느 정도가 적당할까? 소통과 대화는 어떻게 해야 할까? 엄마들은 고민하지 않을 수 없다.

예민해진 아이들은 항상 전투태세를 갖추고 있다. 부모 마음과는 달리 조금만 다가가면 지나친 간섭이라 생각하고, 또 조금만 소홀하면 나에겐 관심과 사랑을 주지 않는다고 호소하니 부모로선 답답할 노릇이다. 이러지도 저러지도 못한 채 아이들의 눈치만 살피게 되니 고문이 따로 없다. 많은 부모님들이 이 부분에서 균형을 잡지 못해 지나친 간섭을 하게 되거나, 아예 무관심으로 돌아서는 것으로 나뉘어 자녀들과의 관계가 악화되기도 한다.

자녀교육은 콩나물 키우기와 같다는 말이 있다. 참으로 적절한 표현이다. 검은 천으로 둘러쌓고 아랫목에서 키우던 콩나물은 다 자라기도 전에 물을 준다고 자꾸 들여다 보면 빛이 새어 들어가 새파랗게 변해 잘 크지 않는다. 반면 적당한 시기에 차근차근 물을 주면 쑥쑥 자란다. 지나친 관심과 사랑은 아이들 입장에서는 집착으로 느껴질 수 있다. 그렇다고 아이를 키울 때 부모님들이 관심과 사랑을 소홀히 해도 된다는 것은 아니다. 중요한 것은 아이들의 마음이 다치지 않도록 보이지 않게 다가가는 것에 있다. 마음속으로 자녀를 중심에 두고 항상 원을 그리며 잘 살펴야 한다.

아이가 지금 무슨 고민을 하고 있는지, 학교생활과 친구관계는 어떠한지, 공부에 대해서는 어느 정도 스트레스를 받고 있는지, 건강 상태는 어떠한지 항상 주의를 기울이고 있어야 한다. 여기서 주의할 점은 자연스러운 행동으로, 자연스러운 대화를 통해 파악해야 한다는 것이다. 사실 자녀들이 부모 모르게 엇나가고, 벗어나는 것은 관심과 사랑의 대상에서 나는 소외되었다고 생각하기 때문인 경우가 의외로 많다. 부모도 모르는 순간 자녀들의 마음에 형성된 서운한 생각이 분노로 변해 표출되는 것이다. 그러니 너무 가깝지도 멀지도 않은 상태에서 부모로서 끊임없는 관심과 사랑의 메시지를 보내야 한다. 또한 문제가 발생하면 우회적으로 식구들과 협력하여 적극적으로 문제 해결에 나서는 것이 좋다.

언젠가 며칠째 재웅이의 표정이 어두웠다. 어디 아프냐고 물어도 아니라고 대답했고 별일 없다는 듯이 이야기했다. 하지만 무언가 있다고 생각한 나는 자연스럽게 대화를 유도했고, 대화 도중 친구 관계에서 문제가 생겼다는 것을 알았다. 나는 그날 바로 재웅이 모르게 식구들을 불러 회의를 했다. 집안 분위기를 더욱 밝게 하고 재웅이에게 각별한 정성을 쏟아 잘 해결하도록 위로해주고, 최종적으로 누나가 조언을 해주기로 했다. 효과는 바로 나타났다. 재웅이는 곧 다시 밝아졌고 누나의 조언대로 문제를 해결한 뒤 평소의 모습으로 돌아왔다. 자연스럽게 주변에서 보여주는 관심이 아이에게 큰 힘이 된 것이다.

동네에서 존경받는 지인을 한 분 만났다. 그런데 사춘기인 막내딸 때문에 경찰서에 다녀오셨다고 한다. 막내딸은 중학생이었다. 경찰서라는 말에 놀란 것은 나였다. 지인 말씀이 집에서는 늘 귀엽고 예쁜 막내딸이라 애지중지 해왔는데 학교에서는 소위 '짱' 노릇을 해왔다는 것이다. 그런 사실을 전혀 몰랐다면서 큰 충격을 받으셨다 한다.

"그래도 어떻게 전혀 모르셨어요?"

"정말 생각지도 못했습니다. 상상해본 적도 없었어요."

그 아이는 길거리 캐스팅 제안을 받을 정도로 예쁘고 순진하게 생겼다. 누가 봐도 보호해주어야 할 아이 같은데 반대로 아이들의 돈과 옷을 빼앗았다는 것이 나도 도저히 믿기지 않았다. 딸이 패거리의 대장이라 빼앗은 것이 아니고 다른 아이들이 빼앗아 그 딸에게 소위 상납을 했다는 것이다.

"이번 일을 겪고 우리 막내딸을 가만히 보고 있으려니 제가 옛날에 부모님 속 썩였던 그 죗값을 우리 딸을 통해 고스란히 받고 있는 것 같네요."

어찌 이분만 그러하겠는가? 많은 분들이 자식을 키우며 같은 생각을 골백번도 더 했을 것이라고 생각한다. 그래서 많은 엄마들이 공통적으로 하는 말이 있지 않은가?

"저도 지 자식을 낳아서 키워봐야 알게 되겠지!"

이렇듯 부모는 때론 자기 자녀에 대해 전혀 모르는 경우가 아주 많다. 그러므로 아이가 성장하는 동안 부모들은 한시도 방심해서는 안 된다. 아이가 어릴수록 더욱 더 많은 관심을 기울여야 한다.

아이들은 말한다. 세대 차이 때문에 나를 이해하지 못한다고 말이다. 사실 그렇다. 아이들이 쓰는 언어나 행동들, 우리는 모르는 것이 너무 많다. 아이들의 세계겠거니 생각하고 그냥 넘길 것이 아니라 아이들의 언어를 배우고 아이들과 소통해야 한다. 그것이 바로 관심이다. 자녀와 진심어린 소통이 시작될 때에 아이들은 부모님의 사랑을 깨닫고 먼저 손을 내밀 것이다. 자신만의 세계에 숨겨두었던 모든 비밀들을 조금씩 내비치게 될 것이다. 부모들의 작은 노력이 시작될 때 우리 아이들의 마음과 어깨가 한층 가벼워질 것이다.

무조건 믿어라

: 나는 네가 앞으로 행복한 삶을 살 것을 알고 있다

아이들이 부모님에게 가장 바라는 것은 무엇일까?

두 자녀를 키우고 많은 아이들과 대화한 경험으로 미루어 생각해보면 아이들은 언제나 믿음에 목말라 있다. 자신을 무조건 믿어주는 강력한 신뢰 말이다. 또한 자신의 말에 항상 귀를 기울이고 공감해주길 바란다. 부모님이 나를 믿어주는 것, 선생님이 나를 믿어주는 것, 친구들이 나를 믿어주는 것. 그 이상 자녀에게 자긍심을 심어주고 행복하게 해주는 것이 또 있을까.

사실 믿음이라는 것은 아이들의 세계뿐만 아니라 어른들의 세계에서도 같은 맥락으로 작용한다. 사람은 누구나 나를 믿어주는 사람에게 더 충실하고 싶고 함께 하고 싶어한다. 그래서 항상 상대방을 향해 나를 믿어달라는 신호를 끊임없이 보내게 된다. 마음이 통한다면 더

없이 좋은 관계가 되지만 통하지 않는다면 결국 신뢰를 잃고 관계가 단절되기도 한다. 아이들 역시 온갖 제스처로 부모님에게 끊임없이 그 마음을 전달하려고 노력한다. 나를 한번 믿어달라고, 내가 해야 할 일을 잘 알고 있고, 공부도 알아서 열심히 할 수 있다고 호소한다.

그러나 자녀를 키워본 엄마라면 아이가 보내오는 이 마음에서 자유롭지 못하다. 믿어달라는 마음을 받아들이기가 쉽지 않다. 바로 부모의 조급한 마음 때문이다. 조급한 마음은 물론 아이를 사랑하는 마음에서 비롯되는 것이다.

엄마들은 이런 말을 많이 한다. 아이를 믿고 싶은데 하는 행동을 보면 도무지 믿음이 안 간다는 것이다. 마음은 정말 믿고 싶은데 믿고 기다리자니 시간은 맥없이 흘러가고 시험은 코앞에 닥쳐오고, 그러다 다른 아이들한테 뒤처지면 어쩌나 싶어 불안하기만 하다. 그래서 책상에 앉아 있는 아이를 보고 있노라면 공부를 하는지 딴짓을 하는지 믿을 수가 없어 자기도 모르게 수시로 방문을 열어보고 확인하게 된다는 것이다. 그러나 그런 행동으로 엄마의 불신을 눈치챈 아이는 곧바로 책을 덮어버리고 만다. 공부할 마음이 사라지는 것이다. 불안한 마음에 하는 행동이 아이의 입장에서는 엄마가 나를 불신하고 있다고 생각하게 만들기 때문에 공부의 의욕 또한 꺾이게 되는 것이다.

실제로 어느 기관에서 학생들을 조사한 것을 보면 부모님께 듣기 싫은 말 1위가 바로 '공부하라'는 말이라고 한다. 공부하라는 소리를 듣는 순간 공부하기가 싫어지는 심리가 동시에 작용한다는 것이다.

이런 상황이니 부모는 부모대로 답답하고 아이는 아이대로 답답한 채로 시간만 흐른다. 이런 막막한 상황을 이겨내려면 무엇보다 부모가 먼저 변화할 수 있도록 노력해야 한다.

항상 아이를 믿어주고 공감해주면서 자녀에게 신뢰를 얻도록 하자. 자녀에게 존경받는 부모 1순위가 어떠한 경우에도 내 자녀를 믿어주는 부모라고 한다. 끊임없이 믿음의 말을 건네 아이의 자존감을 키워주자. 틈날 때마다 이렇게 말해보는 것이다.

"나는 너를 믿는다. 네가 네 할 일을 알아서 잘 해내리라는 것을 알고 있다. 나는 너를 믿는다. 네 인생을 스스로 훌륭하게 잘 가꾸어 나가리라는 것을 알고 있다. 나는 너를 믿는다. 네가 앞으로 행복한 삶을 살 것을 알고 있다."

이렇게 다짐하듯 건네는 믿음의 말은 자녀에게 보이지 않는 힘이 되어 부모와 자녀간의 관계를 회복시켜주고, 자녀는 부모의 바람대로 스스로 올바른 길을 찾아낼 것이다.

어느 외딴 시골에서 어려운 집안 사정 속에서도 아들을 공부시키기 위해 학교가 있는 시내로 아들을 보낸 아버지가 있었다. 그러나 공부를 곧잘 하던 아들이 전학을 가자마자 전교 꼴등을 하고 말았다. 실망할 아버지를 생각해 결국 아들은 성적표를 전교 일등으로 고쳐서 보여드렸고 크게 기뻐하던 아버지는 유일한 재산이었던 돼지를 잡아 동네잔치를 벌였다. 그 일로 죄책감을 느낀 아들은 정말 열심히 공부해 진짜 전교 일등을 해냈고 훗날 존경받는 인물로 성장했다. 오랜 시간이 흐른 뒤에 아들은 과거의 거짓말을 고백하려 했다. 그러자 아버지는 그 일은 이미 알고 있었다고 말했다. 거짓 성적표인 줄 알고 있었지만 크게 혼 내는 대신 아들을 위해 없는 재산을 털어 잔치를 벌였던 것이다. 아버 지의 이러한 큰 믿음이 오늘날의 훌륭한 아들을 만든 것이다.

부모들이 끊임없는 믿음을 아이들에게 보낼 때 아이들은 세상을 헤 쳐나갈 수 있는 용기를 얻게 될 것이다. 아이들은 우리보다 훨씬 무한 한 능력들을 가졌고 무한한 꿈도 가졌다. 앞으로 더 클 일만 남은 아이 들에게 날개가 꺾이는 말을 하지 않도록 하자. 항상 믿고 의지할 수 있 는 든든한 부모가 될 수 있도록 하자. 자녀를 믿어주는 것은 자녀에게 존경받을 수 있는 가장 빠른 지름길이다.

칭찬은 아이를 춤추게 한다
: 칭찬으로 아이의 꿈에 날개를 달아주자

살아가면서 주위 사람들에게 어떤 이야기를 듣고 싶은가? 아마도 자신이 지금껏 해온 일에 대해 칭찬의 말을 듣고 싶은 마음이 가장 클 것이다. 칭찬을 갈망하는 마음은 아이들이나 어른들이나 모두 같다. 누구라도 남에게 인정받고 칭찬받고 싶은 욕구를 갖고 있다. 그래서 때론 타인의 반응에 인생을 거는 사람도 있다.

칭찬은 고래도 춤추게 한다는 말이 있듯이 아이들에게 칭찬은 꿈을 향해 나아가는 데 큰 날개가 된다. 엄마표 공부란, 아이에게 공부를 잘 가르쳐주는 것이 아니라 아이 스스로 공부할 수 있도록 자기주도적 학습을 완성시키는 것이다. 재웅이가 공부에 관심을 가지며 열심히 하기 시작하고 성적이 조금씩 오를 무렵, 공부에 대한 흥미와 관심을 놓지 않도록 '칭찬 릴레이'를 시작했었다. 가족과 친지, 이웃, 지인들에게 재웅이의 달라진 모습을 전하며 직접 칭찬해주기를 권한 것이다. 이때 반드시 아이가 모르게 부탁해야 하고, 이 부탁이 지나친 자식 자랑으로 비춰지면 오해를 불러일으킬 수 있으니 적당한 언어를 사용할 줄 아는 지혜도 필요했다. 내 아이 문제도 머리 아픈데 남의 아이를 칭찬해달라고 하면 마냥 기분이 좋지만을 않을 것이다.

그래서 미리 목적을 밝혔다. 지금껏 공부로 칭찬을 들어보지 못했던 아들이 공부를 열심히 하기 시작했으니 칭찬받는 기분이 어떤지 알게 해주고 싶다고 이야기했다. 다행히 많은 분들이 재웅이에게 직접 전화를 걸어, 혹은 길에서 마주칠 때마다 "너 공부를 정말 열심히 한다며? 너무 대단하다! 훌륭해!"라며 진심으로 칭찬을 해주었다.

재웅이는 이 칭찬에 힘입어 마치 날개를 펼친듯 더욱 열심히 공부했다. 칭찬의 위력은 대단한 것이었다. 재웅이는 칭찬 덕분에 공부하고자 하는 의지를 갖게 되었고 공부가 자신의 삶을 얼마나 크게 변화시킬 수 있는지 스스로 깨달았다. 생각해보면 그리 어려운 방법도 아니지만, 부모들은 생각보다 아이에 대한 칭찬에 인색하다. 칭찬도 연습이 필요하다. 꼭 공부와 관련한 것이 아니라도, 아이들에게 장점이 있다면 끌어내어 칭찬을 아끼지 말자.

아이들은 칭찬을 받으면 자존감이 높아진다. 자신의 존재감을 확인하고 자기 자신을 소중하게 생각한다. 최근 학교폭력 문제로 온 나라가 들썩였다. 중·고등학생들이 학교폭력과 왕따를 견디다 못해 극단적인 생각을 하는 경우가 늘어난 것이다. 끊임없이 안타까운 소식들이 들려온다. 애지중지 키워온 아이가 학교에서 몸과 마음에 상처를 받고 자살을 하니, 부모들의 심정이 오죽하겠는가. 죽을 결심을 하고 올라가던 엘리베이터 안에서 절망적으로 삶과 죽음을 고심하던 아이의 마지막 뒷모습이 TV화면에 비추는 것을 보고 너무 가슴이 아파서 눈물을 흘렸다. 아직도 그 생각만 하면 울컥하는 마음에 눈물이 고인다.

눈에 넣어도 아프지 않을 아이들이 어린 나이에 죽음을 선택할 수밖에 없는 상황을 겪었다는 것은 이 시대를 살아가는 모든 부모님들의 뼈를 깎는 아픔이요, 모두가 통감하는 책임이 아닐 수 없다. 아이들이 죽음으로 내몰리지 않도록 부모들은 무엇을 할 수 있을까.

칭찬은 이런 일들을 예방하는 작은 출발이 될 수 있다. 자존감이 높은 아이는 상처를 견디고 극복하는 것에도 의연하게 대처할 수 있다. 칭찬을 받는다는 것은 남에게 인정받고, 관심을 받고 있다는 증거이기 때문에 아이의 자존감을 높여주는 중요한 요인이다. 자신의 아이뿐만 아니라 모든 아이들에게 칭찬을 아끼지 않으면 그 칭찬은 다시 내 아이에게로 돌아온다.

지인 가운데 아들 사랑이 끔찍한 열혈 엄마가 있었다. 아들 없이는 못 산다는 말을 자주 할 정도로 아이에 대한 사랑이 대단했다. 그런데 그렇게 사랑하면서도, 아들만 보면 마음과 전혀 다른 말이 튀어나온다는 것이다. 마음에도 없던 말이 튀어나와 아이를 화나게 하고 자신도 화를 내게 되고 점점 거리가 멀어진다고 했다. 이 엄마는 소원이 하나 있었다. 아들이 시험을 잘 치러 학교에서 상위권 면학반에 들어가는 것이었다. 아들은 엄마의 간곡한 부탁에 열심히 공부해서 면학반에 들어가게 되었다. 자신과 엄마의 목표였던 면학반에 들어가는 바람을 이루었으니 아이는 세상 누구보다도 기뻤을 것이다.

"엄마, 저 면학반에 들어갔어요!"

아들은 엄마의 기쁨어린 목소리와 칭찬을 기대했다. 그러나 세상에 다시 없을 칭찬이 나와야 할 순간에 불쑥 "그래? 너 그런데 면학반에 꼴찌로 들어갔지?"라는 말이 튀어나왔다는 것이다.

이 말을 들은 아들은 참지 못했다.

"나 죽어버릴 거야."

엄마는 그제야 땅을 치며 후회했지만 이미 내뱉은 말을 주워담을 수는 없었다. 결국 이 엄마는 항상 칭찬하는 엄마가 되기로 결심했고, 꾸준한 칭찬과 격려로 아들과의 관계를 회복했다고 한다. 많은 엄마들이 무심결에 같은 실수를 저지른다. 칭찬도 연습이 필요한 것이다. 칭찬을 통해 아이는 바뀔 수 있다. 아이를 사랑하는 만큼 칭찬을 하자. 많이 사랑하고 많이 칭찬하자.

절대 비교하거나 차별하지 말 것
: 상처는 부메랑처럼 부모에게 돌아온다

옛말에 '열 손가락 깨물어 안 아픈 손가락이 없다'는 속담이 있다. 하지만 의외로 많은 엄마들이 자신도 모르게 자식을 차별하는 경우가 놀라울 정도로 많다.

어느 날 두 아들을 둔 엄마가 찾아왔다. 둘째아들의 문제로 고민이 많다고 했다. 내 자식이지만 미운 마음이 든다며 어떻게 하면 좋겠냐고 상담을 청하셨는데, 아무리 마음을 바꾸려고 해도 뜻대로 되지 않는다는 것이다. 나는 어머니와 아들 관계에서 이유를 찾으려고 이것저것 질문을 했지만 아이에게는 정말 문제가 없었다.

문제는 엄마에게 있었다. 아이가 엄마와 닮지 않았다는 것이 문제의 원인이었다. 이 어머니는 어릴 적부터 모범생에다 올곧은 사람이었다. 우리나라 최고의 대학에서 교육학을 공부했다. 학창시절에는 한

눈 한 번 팔지 않고 공부만 했다고 한다. 둘째 아들은 그런 엄마와는 달리 굉장히 활발한 성격을 지니고 있었다. 그렇다고 산만한 학생은 아니었다. 평균 90점이 넘는 성적으로 늘 상위권이었고 밝은 성격을 가진 보통의 아이였다.

그래서 첫째아이에 대해 묻자 갑자기 어머니의 얼굴이 환해지면서 눈동자가 반짝반짝 빛나기 시작했다. 전에 없던 미소를 지으며 첫째 아들 이야기를 했다. 방금 전 얼굴을 찡그리고 둘째아이를 말하던 얼굴과는 완전히 다른 얼굴이었다. 둘째아이는 누굴 닮아서 하는 짓마다 그러는지 모르겠다며 인상을 찌푸리다가, 첫째아이에 대해 이야기할 때는 보기만 해도 예쁘고 사랑스럽다며 환한 표정을 지었다.

"첫째아들은 나를 쏙 빼닮았어요"를 시작으로 시험 문제를 단 한 개도 틀리지 않는 수재에 성격도 착하다며 끊임없이 첫째아들 이야기를 했다. 한참 이야기를 듣고 난 후 나는 질문을 건넸다.

"어머니, 혹시 둘째아이 죽이고 싶으세요?"

그 어머니는 깜짝 놀라며 그게 무슨 소리냐고 했다.

"어머니는 지금 모르셨겠지만 첫째아이와 둘째아이 이야기를 하는데 얼굴 표정에서부터 심하게 차별을 하고 계세요. 이렇게 편견이 심하니 아이가 엄마에게 비뚤게 하는 것은 당연합니다. 말도 안 통하는 강아지도 사람들이 자기를 좋아하는지 싫어하는지 아는데, 미운 마음을 그대로 보이시면 갈 곳 없는 아이가 방황하다가 극단적인 선택을 할지도 몰라요."

물론 그 어머니가 둘째아이를 사랑하지 않는 게 아니라는 것은 알지만 모든 행동에 편견이 배어 아이는 이미 미운오리새끼가 돼버렸다. 그 편견이 너무 심해 보여서 자극이 되길 바라는 마음에서 조금 극단적인 표현을 썼다. 엄마가 아이를 죽인다는 뜻은 아니지만 충분히 망칠 수는 있다. 그래도 그 어머니가 어떻게 해서라도 해결해보기 위해 노력하는 것만으로도 문제를 인식하고 있다는 것이니 참으로 다행이었다. 그대로 자신의 마음을 알지 못한 채 계속해서 아이에게 상처를 주었다면 정말 어긋나버렸을지도 모를 일이다.

아이들이 마음속에 반항심과 분노를 키우는 원인 가운데 하나가 바로 타인과의 비교이며 형제간의 차별이다. 가정에서부터 편견과 차별을 받은 상처는 성인이 되어서도 그 흔적이 쉽게 지워지지 않으며, 그 몫은 부메랑처럼 부모에게 되돌아온다. 사랑받지 못하는 자신을 미워하고 형을 저주하고 엄마를 원망하게 될지도 모른다. 그렇게 생긴 가정의 균열을 복구하기란 쉽지 않다. 아이는 그 슬픔을 품은 채 홀로 자라기 때문이다. 그러므로 부모들은 인정할 줄 알아야 한다. 깨무는 강도가 다르다면 안 아픈 손가락도 있는 법이다.

교육은 그대의 머릿속에 씨앗을 심어주는 것이 아니라,
그대의 씨앗들이 자라나게 해 주는 것이다.

-칼릴 지브란

엄마의 공부가
사교육을 이긴다

초판 1쇄 발행 2012년 9월 20일 초판 5쇄 발행 2012년 12월 21일

지은이 김민숙 펴낸이 연준혁
기획 신미희

출판 1분사 분사장 최혜진
2부서 편집장 한수미 편집 정유민
디자인 조은덕
제작 이재승

펴낸곳 (주)위즈덤하우스 | 출판등록 2000년 5월 23일 제313-1071호
주소 경기도 고양시 일산동구 장항동 846번지 센트럴프라자 6층
전화 031-936-4000 | 팩스 031-903-3891
전자우편 yedam1@wisdomhouse.co.kr
홈페이지 www.wisdomhouse.co.kr
종이 월드페이퍼 | 인쇄·제본 (주)현문 | 후가공 이지앤비

값 13,000원 ISBN 978-89-91731-64-6 13590

국립중앙도서관 출판시도서목록(CIP)

엄마의 공부가 사교육을 이긴다 / 김민숙 지음. — 고양 :
위즈덤하우스, 2012
    p. ;   cm

ISBN 978-89-91731-64-6 13590 : ₩13000

자녀 교육[子女教育]
가정 교육[家庭教育]

598.58-KDC5
649.68-DDC21   CIP2012004111